세계도시 바로 알기

1 서부유럽·중부유럽

권용우

박영사

세계는 삶의 터전이다

머리말

중·고등학교 시절에 좋은 수업을 들었다. 선생님들이 칠판에 세계지도를 그려 놓고 각 지역의 지리와 역사 등을 설명했다. 너무 알차고 재미있었다. 연세대 김형석 교수님과 숭실대 안병욱 교수님께서 종종 오셔서 특강을 해주셨다. 김 교수님은 학부형이셨고 안 교수님은 은사이셨다. 세계를 두루 다녀 큰 안목을 키워 이 사회에 쓸모 있는 사람이 되라는 말씀이셨다. 큰 감동으로 다가왔다. 세계를 널리 다녀봐야겠다는 마음이 생겼다. 꿈을 안고 대학에 들어갔다. 도시지리학을 전공하여 박사학위를 취득했다. 외교학을 부전공하여 석사과정까지 공부했다. 대학에 들어오면서부터 우리나라 곳곳을 답사했다. 대학교수가 된 이후 1987년부터 해외답사를 시작했다. 2020년까지 34년간 60여 개국 수백개 도시를 답사했다. 답사가기 전에 답사지역을 예습해 체크리스트를 만들었다. 현지에서 체크리스트를 확인하면서 학습했다. 답사를 다녀온 후 복습하여 답사내용을 정리했다. 지역 연구자들이 행하는 방법이다.

답사의 핵심은 '무엇을 어떻게 보느냐'다. 근대지리학 이후 수많은 방법론이 나와있다. 세 가지 설득력 있는 방법론이 있다. 첫째는 독일학자 훔볼트(Alexander von Humboldt)의 총체론(Totalität)이다. 총체적이고 종합적인 관점으로 현지답사를 통해 지역을 이해해야 그 실체가 오롯이 드러난다고 했다. 둘째는 프랑스학자 블라슈(Vidal de la Blache)의 생활양식론(genre de vie)이다. 땅과 연관된 사람들의 생활양식을 들여다봐야 지역의 실상을 파악할 수 있다고 했다. 셋째는 독일학자 헤트너(Alfred Hettner)의 지역론(Länderkunde)이다. 자연과 인문 현상이 어우러져 나타나는 현상을 알아내야 지역의 본모습이 나타난다고 했다. 세 분은 박물학적 식견을 갖추고 현장답사를 실천한 지리학자들이다. 세 가지 방법론을 종합하면 총체적 생활양식론으로 정리될 수 있다.

총체적 생활양식론으로 세계도시를 바로 알기 위한 구체적 논리는 무엇인가? 먼저 각 도시의 지리, 역사, 종교, 경제, 사회, 문화 등의 내용을 총체적으로 이해해야 한다. 각각의 내용이 서로 상호작용하여 그 도시에 사는 사람들의 생활양식에서 어떻게 나타나는가를 알아내야 한다. 알아낸 내용이 정확한지를 검증하기 위해서는 관련 문헌과 자료를 검토하며 현지답사를 통해 경험적으로 확인해야 한다. 오랜 시간과 검증이 요구되는 일이다.

세계도시는 세 가지 패러다임으로 총체적인 특성을 바르게 알 수 있다. 첫째는 말(language)이다. 한 나라와 도시가 생겨나고 유지되는 과정에서 독자적인 말을 가지고 있을 때 소멸하지 않고 존속한다. 자국어가 세계 언어인 나라는 그 자체로 세계 국가가 된다. 식민지 상태로 있다 해도 자국어를 붙들고 있으면 독립국가로 일어선다.

둘째는 먹거리(industry)다. 근대 이후 오늘날까지 세계 유수 도시로 자리매김하는 핵심 배경은 산업이다. 자기들에 맞는 산업을 일으켜서 끊임없는 혁신으로 유연하고 다양하게 시대의 흐름에 적응한다. 핵심적 산업은 자동차(automobile), 조선(shipbuilding), 전자(electronics), 건설(construction), 석유(oil), 기계(mechanics), 의료(medicine), 방위산업(defense weapons), 교육(education), 관광(tourism) 등이다. 최근에는 인공지능(artificial intelligence), 빅 데이터(big data), 자율주행차(auto driving car), 드론(drone), 로봇(robots), 사물 인터넷(internet of things), 생명

산업(bio-industry), 3D 프린터(three dimension printers) 등의 신산업이다. 세계도시를 답사하는 과정에서 경제적으로 부유한 나라들은 이들 핵심 산업의 상당 부분을 세계 상위권에 자리매김해 놓고 있음이 확인된다. 부유하지 못한 나라들은 이들 핵심 산업을 가지고 있지 않거나 상위권에 들어 있지 않음이 관찰된다.

셋째는 종교(religion)다. 한 나라와 도시가 흔들림없이 유지되는 배경에서 종교적 영향력은 대단하다. 종교로 인한 전쟁과 분쟁은 수없이 많다. 그러나 여하한 상황에서도 국민들의 상당수가 종교적 신앙으로 뭉쳐있는 경우에는 사람들의 생활양식이 견고하다.

1991년에 성신여대에서 「세계도시 바로 알기」 교양과목을 개설했다. 60여 개국 수백개 도시를 총체적 생활양식론의 관점에서 story-telling 형식으로 강의했다. 현지를 함께 답사 다니는 분위기에서 영상을 활용해 설명했다. 한 학기 수강생이 840명에 달한 때도 있었다. 2015년까지 25년간 연 1만여 명이 수강한 것을 끝으로 강의를 마감했다.

2019년에 서울 성북구 소재 예닮교회에서 「세계도시 바로 알기」 강의가 재개됐다. 강의를 진행하던 중에 코로나19가 터졌다. 2020년 4월부터 강의가 YouTube로 전환되어 14개국을 강의했다. 2023년까지 50개국을 강의할 예정이다.

『세계도시 바로 알기』 1권은 서부유럽과 중부유럽 6개국을 다루고 있다.

영국은 섬나라에서 해양강국으로 올라섰다. 영어를 세계공용어로 만들었고, 자본주의 체제를 구축했으며, 기독교로 정신적 안정을 추구했다. 영국은 의회민주주의를 처음 세운 국가로 전 세계 의회민주주의 모델이 되고 있다. 런던은 2천년의 역사를 지닌 도시로 영국의 총체적 생활양식이 고스

란히 녹아있는 영국인의 심장이다. 전원도시 레치워스와 웰윈, 신도시 밀턴 케인즈는 삶의 질을 추구하는 친환경도시다. 영국 도시는 지속가능하고, 친환경적이며, 시민중심의 도시 거버넌스를 도모한다.

프랑스는 비옥한 땅과 3면의 바다를 가진 나라로 유럽의 교차로 역할을 해왔다. 불어를 세계 5위 언어로 만들었다. GDP 규모는 세계 7위다. 가톨릭의 장녀(長女)라 불리는 가톨릭 국가다. 프랑스는 대혁명을 통해 세운 자유 · 평등 · 박애의 시민정신을 전 세계에 널리 보급했다. 파리는 세계의 문화수도다. 칼레는 노블레스 오블리주 공민정신의 표본도시다. 보르도는 세계적 와인산지다. 남부의 아를, 마르세유, 소피아앙티폴리스, 칸, 니스는 지중해 연안의 명품도시다.

네덜란드는 바다를 메꾸고 방조제를 쌓아 땅을 만들어 국토를 넓혔다. 무른 땅을 농목업 농지로 바꿨다. 자국어 외에 영어, 독일어, 불어 등을 익혀 국제적 경쟁력을 키웠다. 식품 · 금융 · 제조업 등에서 부를 창출해 1인당 국민소득 58,003달러를 올렸다. 국민적 단결과 기독교 신앙으로 스페인과 싸워 독립을 쟁취한 나라다. 암스테르담은 수도로 교통기능과 3차 산업이 활성화되어 있다. 헤이그는 정치행정 중심지이며, 로테르담은 유럽의 관문도시다.

독일은 통일과 분단, 재통일의 과정을 겪었다. 탄탄한 산업과 푸른 환경, 내실 있는 문화적 콘텐츠, 종교가 있어 이겨냈다. 독일어는 유럽에서 영향력 있는 언어다. 독일은 마르틴 루터가 촉발한 종교개혁이 일어난 국가다. 베를린은 1701년 이후 독일의 수도다. 베를린과 본은 내용상 2극형 수도다. 라인 강 연안의 도시에서는 독일인의 다양함이 꽃핀다. 함부르크는 한자도시(Hansa city)다. 라이프치히는 바흐가 활동했던 도시이며, 뮌헨은 1백만명 마을도시다. 프라이부르크, 슈투트가르트는 환경도시다.

　오스트리아는 합스부르크 가문과 함께 했다. 오스트리아는 독일어를 사용한다. 제조업 강국으로 1인당 GDP가 53,859달러다. 신성로마제국의 흐름이 이어지는 가톨릭 국가다. 빈은 오스트리아 역사의 중심지로 음악도시다. 그라츠에는 전통적 도시경관과 현대적 이미지가 공존한다. 잘츠부르크는 모차르트와 카라얀의 고향이다.

　스위스는 독어, 불어, 이탈리아어, 로망슈어 등 4개 국어를 쓴다. 기술집약적인 고부가가치 산업에 집중해 1인당 GDP가 94,696달러다. 장 칼뱅과 츠빙글리가 활동했던 기독교 국가다. 앙리 뒤낭은 적십자운동을 펴 스위스를 박애실천 선도국가로 올려 놓았다. 스위스 최대도시 취리히, 국제회의가 많이 열리는 제네바, 사실상의 수도인 베른, 교역과 문화중심지 바젤 등은 세계적 도시로 발돋움했다.

　강의를 재개하도록 배려해 준 예닮교회 서평원 담임목사님께 감사드린다. YouTube 방송을 관장해 주시고 본서 편집에 도움을 주신 예닮교회 이경민 목사님께 고마움을 표한다. 사랑과 헌신으로 내조하면서 원고를 리뷰하고 교정해 준 아내 이화여자대학교 홍기숙 명예교수께 충심으로 감사의 말씀을 드린다. 원고를 리뷰해 준 전문 카피라이터 이원효 고문께 고마운 인사를 드린다. 특히 본서의 출간을 맡아주신 박영사 안종만 회장님과 정교하게 편집과 교열을 진행해 준 배근하 편집과장님에게 깊이 감사드린다.

2021년 5월
권용우

차례

I 서부유럽

1. 영국 연합왕국	**005**
01 해양강국의 전개과정	007
영국은 섬나라	007
왕권견제로 의회제도 확립	010
바다로 나가 세계를 경영	017
산업혁명으로 자본주의 구축	025
영어를 세계 언어로 만들다	030
02 영국의 수도 런던	035
03 친환경적인 도시 관리	044
전원도시 레치워스와 웰윈	046
신도시 도크랜드와 밀턴 케인즈	050
런던 저탄소 주거 단지 베드제드	052
2. 프랑스 공화국	**057**
01 비옥한 땅과 3면의 바다	059
02 프랑스 대혁명의 전개과정	062
03 세계의 문화수도 파리	075
빛의 도시 파리	075
신도시 라데팡스	088
04 프랑스의 도시	093
북부: 칼레	093
중부: 보르도, 샤모니	094
남부: 아를, 마르세유, 칸, 소피아 앙티폴리스, 니스	096
05 모나코 공국	101

3. 네덜란드 왕국   105

01 네덜란드 전개과정   107

바다를 메워 땅으로   107

무른 땅에 발달한 농목업   113

스페인과 싸워 독립을 쟁취   114

네덜란드 황금시대   117

주변국과의 전쟁 이후   121

02 네덜란드 수도 암스테르담   125

03 정치행정 중심지 헤이그   129

04 유럽의 관문도시 로테르담   133

II 중부유럽

4. 독일 연방공화국   141

01 통일과 재통일   143

독일통일 German unification   143

독일재통일 German reunification   151

02 과학과 '사람'이 있는 나라   157

03 독일의 수도 베를린   162

04 라인 강이 흐르는 도시   166

05 지방중심도시   177

한자도시 함부르크   177

바흐도시 라이프치히   179

마을도시 뮌헨   181

환경도시 프라이부르크   183

바람길 도시 슈투트가르트   184

5. 오스트리아 공화국　　　　　　　189

　　01　오스트리아 전개과정　　　191

　　02　수도 빈　　　　　　　　　203

　　03　제2도시 그라츠　　　　　214

　　04　모차르트의 고향 잘츠부르크　216

6. 스위스 연방　　　　　　　　223

　　01　스위스 전개과정　　　　　225

　　02　최대도시 취리히　　　　　236

　　03　국제도시 제네바　　　　　241

　　04　사실상의 수도 베른　　　　247

　　05　교역 문화 도시 바젤　　　250

그림 출처　　　　　　　　　　　256

색인　　　　　　　　　　　　　259

서평　　　　　　　　　　　　　266

서부유럽

01
영국

02
프랑스

03
네덜란드

Scotland

Aberdeen

Dundee

Glasgow Edinburgh

Northen
Island

Belfast

Republic
of
Ireland

Newcastle upon Tyne

Sunderland

Middlesbrouch

York

Blackpool Bradford
Preston Bolton Leeds
Liverpool
Manchester

Stoke-on-Trent

England

Derby Nottingham
Leicester
Dudley
Birmingham Coventry
Peterborouch

Northampon

Gloucester Luton

Wales Newport Swindon Oxford London
Swansea Reading Southend-on-Sea
Cardiff
Bristol

Southampton Brighton

Bournemouth

Plymouth

Hull

Norwich

Ipswich

1

영국 연합왕국

섬나라에서 해양강국으로

▌01 해양강국의 전개과정

영국은 섬나라
왕권견제로 의회제도 확립
바다로 나가 세계를 경영
산업혁명으로 자본주의 구축
영어를 세계 언어로 만들다

▌02 영국의 수도 런던

▌03 친환경적인 도시 관리

전원도시 레치워스와 웰윈
신도시 도크랜드와 밀턴 케인즈
런던 저탄소주거단지 베드제드

그림 1 영국 연합왕국과 자연 지형

01 해양강국의 전개과정

영국은 섬나라

영국의 공식 이름은 그레이트 브리튼과 노던 아일랜드의 연합왕국이다. 약칭으로 United Kingdom, England, Britain이라고 한다. 영국은 242,495㎢ 면적에 66,650,000명이 산다. 영국은 우리나라 남북한의 면적인 223,404km²와 유사하다. 영국 북쪽 스코틀랜드는 상대적으로 높고 남쪽 잉글랜드와 웨일스는 낮은 북고남저(北高南低) 지형이다. 영국 남부 월트셔 솔스버리 넓은 평원에 신석기 시대 유적 스톤헨지가 있다. 영국의 지형은 대체로 평탄하고 낮은 땅이 많다. 영국의 중심부에 해당하는 잉글랜드는 평야지대다.그림 1

서안해양성 기후인 영국은 북위 50-60°에 있다. 그러나 멕시코 만류와 편서풍의 영향으로 여름에 선선하고 겨울에 따뜻하다. 기온의 차도 적고, 비는 연중 고르게 온다. 3월부터 6월까지는 건조하며 9월부터 1월까지는 습윤하다.

유럽 전역에 켈트족이 살았었다. 이들은 피부가 희고 금발이며 눈이 푸른색이었다. 몸집이 컸다. BC 500년경 켈트족이 잉글랜드에 들어왔다. 푸른 풀밭이 질펀한 잉글랜드는 매력적인 터전이었다. 켈트족은 몸에 무늬나 그림을 그렸다. 그리스 탐험가 피테아스는 이를 주목했다. 그는 이들을 '그림 그리다'의 뜻인 프레타니카이(Pretanikai)라 불렀다. 이 말은 브리타니아로 또 브리튼(Britain)으로 발전했다.

BC 55년 카이사르가 진주했다. 그는 잉글랜드를 로마의 속주로 만들고 브리타니아(Britannia)로 명명했다. 43년 로마군대는 템즈 강변에 론디니움(Londinium) 군사요새를 세웠다. 지금의 시티오브런던(City of London) 장소다. 켈트어로 '습지의 요새'라는 뜻이다. 로마가 주둔해 있는 동안 영국에 라틴 문화가 전파되었다. 로마는 약 400년간 군정통치를 한 후 물러갔다. 1980년 시티오브런던 타운 힐에 로마 황제 트라야누스(Trajan 재위 98-117)의 동상이 세워졌다.

춥고 배고픈 유럽의 다른 나라들에게 영국의 남부 저지대는 탐나는 땅이었다. 살기 좋아 보이는 동경의 대상이었다. 더구나 영국은 해안가 어디든지 접근이 가능한 섬나라였다. 400년대 초 유럽 독일 북부지역의 추운 곳에 살던 색슨(Saxon)족과 앵글(Angle)족, 주트(Jutes) 족이 영국으로 쳐들어 왔다. 이곳에 살던 켈트(Celts)족을 밀어냈다. 밀고 들어온 족속 가운데 앵글로 색슨(Anglo-Saxon)족은 영국의 핵심부인 잉글랜드에 눌러 앉았다. 켈트족은 스코틀랜드 · 웨일스 · 아일랜드로 밀려났다. 400년대 초부터 1066년까지 앵글로 색슨 시대가 펼쳐졌다.

597년 캔터베리 성당(Canterbury Cathedral)이 세워졌다. 성당은 런던에서 동쪽으로 107.8km 거리에 있다. 로마 가톨릭은 598년 어거스틴을 초대 캔터베리 대주교로 파견했다. 601년부터 655년 사이에 잉글랜드의 모든 왕국에 기독교가 전파되었다. 성당은 화재가 났으나 1834년 재건되었다.그림 2

그림 2 **캔터베리 성당**

871년 색슨족인 알프레드 대왕이 잉글랜드 왕국의 문을 열었다. 927년에 앵글로색슨의 여러 왕국이 연합해 잉글랜드 왕국을 세웠다. 1066년 프랑스 북부에 살던 노르만공작 윌리암이 쳐들어왔다. 이들은 잉글랜드를 정복하고 노르만 왕조를 구축했다. 노르만 왕조는 1167년까지 잉글랜드 왕국을 통치했다. 그 후 잉글랜드 왕국은 다시 왕정을 회복하여 스코틀랜드와 합친 1707년까지 존속했다.

영국은 1066년 이후 외국의 침공을 받지 않았다. 좁은 영국해협을 수호하면 외적의 침공을 막을 수 있었다. 제2차 세계대전 때인 1940년의 덩케르크 철수사례가 있다. 독일의 공격을 피해 프랑스의 덩케르크 해안에 34만 명의 영국·프랑스 군인을 배로 실어 영국으로 귀환시킨 사례다. 영국은 해안선을 지키는 해군이 강했다. 신대륙발견 이후 영국은 대서양으로 나갈 수 있는 좋은 지리적 여건을 갖추고 있었다. 튼튼한 배와 해양 군사력을 갖춘다면 서쪽 대서양으로 진출하는 데 장애가 없었다. 섬나라가 갖는 장점이었다.

왕권견제로 의회제도 확립

1721년 로버트 월폴이 수상(Prime Minister)으로 신임받았다. 섬나라 영국은 1215년 마그나 카르타 대헌장 이후 1721년까지 506년 동안 왕권을 견제하여 의회제도를 확립했다.

육군은 왕권 유지에 직접적으로 도움이 된다. 영국의 육군은 해군에 비해 상대적으로 약했다. 이에 반해 지방귀족과 신하들은 막대한 재산과 병력을 유지했다. 이런 구조는 국가의 권력이 왕으로부터 귀족들 나아가 국민들에게 돌아가는 시스템으로 변모되었다. 영국은 여러 왕국이 연합해서 이룩된 왕국이었다. 이러한 시스템은 필연적으로 왕권과 권력집단, 연합정부와 지방정부 간의 경쟁관계를 만들었다.

1215년 대헌장 마그나 카르타는 왕권과 권력집단 간 쟁투의 시작이었다. 존 왕은 프랑스와의 전쟁에서 많은 땅을 잃었다. 실지(失地)왕이란 불명예를 얻었다. 허나 그는 왕권을 내세워 폭정을 행하려 했다. 교회와 귀족들이 왕권에 반기를 들었다. 존 왕은 압력에 밀렸다. 그는 1215년 6월 15일 런던과 윈저성 사이에 있는 러니미드에서 역사적 일을 감내했다. 신하들이 지켜보는 가운데 대헌장 문서에 서명했다. 대헌장은 양피지에 쓰였다. "자유민은 누구를 막론하고 합법적 재판 또는 국법에 의하지 않고서는 체포·구금

되거나, 재산을 몰수당하거나, 법의 보호를 박탈당하거나, 추방되거나, 그 밖의 어떤 방법에 의해서도 자유가 침해되지 않는다."는 내용이었다. 법치주의(法治主義)를 통치이념으로 천명한 선언이다. 대헌장은 국가 통치의 패러다임을 왕보다 의회중심으로 변화하는 물꼬를 텄다.그림 3

그림 3 존 왕의 대헌장 서명과 서명 장소 러니미드

1264년 런던 남서쪽 루이스에서 국민의 권력과 왕권이 대결하는 쟁투가 벌어졌다. 시몽 드 몽포르와 헨리 3세와의 싸움이었다. 몽포르는 귀족으로 구성된 군대로 싸워 왕을 생포했다. 그는 국민의 목소리를 널리 듣고자 했다. 1265년 귀족·성직자·기사·시민계급 등을 소집해 의회(Parliament)를 구성했다. 지방행정조직인 각 주(Shire)에서 기사 2명과 각 도회지(Borough)에서 시민 2명을 뽑아 의회에 참여토록 했다. 이것은 국민을 대표하는 사람들이 의회에 모여 정책을 논의하는 시스템이었다. 이 시스템은 오늘날의 대의제 민주주의의 출발점이 되었다. 이에 몽포르는 영국 의회(The Parliament of the United Kingdom)의 창시자로 평가되었다.

그림 4 헨리 8세와 앤 블린

1500년대 전반기 헨리 8세(1491-1547)는 왕권의 한 획을 그었다. 그는 형수인 왕비 캐서린과 결혼해 딸 메리 튜터를 두었다. 캐서린이 아들을 낳지 못하자 결혼 20년 만에 별거했다. 그는 왕비의 궁녀 앤 블린(1501-1536)과 혼인하려 했다.그림 4 그러나 교황 클레멘스 7세는 캐서린과의 혼인 무효화를 허락하지 않았다. 그러자 헨리 8세는 교황과의 결별을 선언했다. 1534년 수장령(首長令)을 내려 영국 성공회(Anglican Communion)를 출범시켰다. 598년 이래 로마 가톨릭교회 소속이었던 잉글랜드 교회를 분리 독립시켰다. 1536년부터 1539년에 걸쳐 로마 가톨릭교회와 수도원을 해산했다. 가톨릭교회가 소유하고 있던 땅과 재산을 몰수했으며 영국 성공회는 강화됐다. 캔터베리 대주교를 성공회 수장으로 세웠다. 성당 안에 초대 대주교 성 어거스틴의 대주교 좌석을 마련했다. 성공회는 국교로서의 지위를 누렸다. 그는 앤 블린과 결혼하여 엘리자베스를 낳았다. 그러나 앤 블린은 <千일의 앤> 신세가 되어 처형되었다. 그는 왕실에 대한 비판을 금지하고 중앙집권체제를 강화해 절대왕정을 확립했다.

1625년에 찰스 1세(Charles I)가 왕에 올랐다. 그는 과중한 과세와 폭정으로 의회와 대립했다. 1628년 에드워드 코크 등은 권리청원으로 왕권견제를 시도했다. 청원은 새로운 권리를 요구하는 것이 아니라 과거부터 있던 권리를 청원한다는 입법형식이었다. 국왕은 권리청원을 승인했다. 그러나 승인한 이후에도 독단적인 국정운영, 의회해산, 의회지도자 투옥 등의 전제정치를 일삼았다. 국민들의 분노가 끓어 올라 급기야 청교도 혁명이 터졌다.

종교개혁 이후 영국에서는 대부분이 청교도인 젠트리(gentry)라는 새로운 계층이 등장했다. 젠트리는 귀족보다는 낮으나 요먼(yeoman)보다는 상위 계층이었다. 젠트리는 법조인, 상공인, 토지소유자 등이었다. 요먼은 젠트리와 영세농의 중간에 있는 중산층 농민이었다. 요먼은 철기군 기병대(ironsides)로 활약했다.

올리버 크롬웰(Oliver Cromwell)은 청교도인 젠트리와 철기군 기병대인 요먼들을 이끌고 혁명을 일으켰다. 그는 1642년부터 1649년까지 청교도 혁명(Puritan Revolution)을 단행했다. 1649년에 찰스 1세를 처형했다. 공화정을 수립한 크롬웰은 엄격한 청교도적 생활을 강요했다. 국민들은 견디기 힘들어 했고 이런 상황에서 1658년 59세 나이에 크롬웰이 갑자기 사망했다.그림 5

영국은 다시 왕정복고를 단행했다. 찰스 2세가 왕으로 추대됐다. 그러나 찰스 2세와 뒤를 이은 제임스 2세 모두 또다시 전제정치로 의회를 무시했고 분노한 시민들은 봉기했다. 1688년 시민들은 제임스 2세를 폐위시켰다. 제임스 2세의 딸인 메리 2세와 남편 윌리엄 3세가 공동왕으로 즉위

그림 5 올리버 크롬웰의 청교도 혁명과 찰스 1세 처형

했다. 피를 흘리지 않고 정권교체를 이뤘다 하여 명예혁명(Glorious Revolution)으로 불렸다. 1689년 의회는 권리장전으로 불리는 의회제정법을 공포했다. 권리장전(Bill of Rights)에서는 법으로 왕의 권한을 제한했다. 또한 법에 따라 나라를 다스려야 한다는 입헌군주제를 천명했다. 권리장전은 영국 의회정치의 기반을 만들었고 절대왕정에 종지부를 찍었다고 평가되었다.

스튜어트왕조의 앤 여왕이 사망했다. 독일인 조지 1세가 왕위를 이으면서 영국에 하노버 왕조시대가 열렸다. 신교도인 조지 1세는 대부분 독일에서 지냈다. 그리고 모든 권한을 하원의회에 위임했다. 1721년 로버트 월폴은 조지 1세로부터 왕과 같은 전권을 신임받았다. 전권을 신임받은 월폴은 각의의 수석 자격으로 각의를 주재했다. 이를 계기로 입헌군주제의 원칙이 세워졌다. <왕은 군림하지만 통치하지 않는다>는 패러다임이다.그림 6 그 후 빅

그림 6 **로버트 월폴과 조지 1세**

토리아 여왕이 즉위했다. 그러나 독일은 여성의 왕위상속을 인정하지 않았다. 이에 따라 123년 동안 유지된 영국과 하노버왕국의 연합관계는 소멸되었다.

영국은 1215년 대헌장 이후 506년간의 긴 쟁투를 거쳐 1721년에 이르러 입헌군주제 아래 의회중심의 정치제도를 확립하게 되었다. 오늘날 영국의 의회정치제도는 의원내각제를 운영하는 모든 나라의 패러다임이 되고 있다.

현재의 영국은 잉글랜드·웨일스·스코틀랜드의 그레이트 브리튼과 북아일랜드로

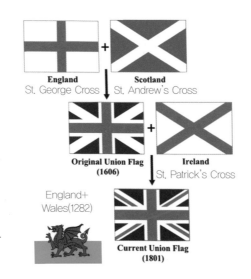

그림 7 **영국 국기의 변천과정**

구성되어 있다. 이들 지역 국기(國旗)는 영국의 성장과정을 반영한다. 영국 국기의 기본은 바른 십자가와 빗 십자가다. 잉글랜드는 12세기부터 붉은 색의 바른 십자가를 그려 넣은 성 조지(St. George)기를 썼다. 스코틀랜드는 15세기 경 청색 바탕에 흰색의 빗 십자가를 그린 성 앤드루(St. Andrew)기를 택했다. 아일랜드는 흰색 바탕에 붉은 색 빗 십자가를 그린 성 패트릭(St. Patrick)기를 사용했다. 1606년 잉글랜드와 스코틀랜드가 합쳐 유니언 기(旗)(Union Flag)가 제정되었고 1707년 공식적인 국기가 되었다. 1801년 아일랜드가 그레이트 브리튼 왕국에 합쳐져 「그레이트 브리튼과 아일랜드 연합왕국」이 되면서 유니온 잭(Union Jack)이 탄생했다. '유니언 기'라고도 하며 오늘날의 영국 국기다. 웨일스는 1282년 잉글랜드에 합병되면서 잉글랜드기가 대표로 사용되었다. 흰색과 녹색바탕에 붉은 사자가 그려져 있는 웨일스 국기는 20세기에 제정되었다.그림 7

1921년 12월 아일랜드 자유국(1922-1937)이 따로 성립됐다. 이에 영국 국명에 아일랜드 대신 북아일랜드가 들어갔다. 아일랜드 자유국은 1937년 헌법을 개정하고 영연방 탈퇴를 선언해 아일랜드가 되었다. 1949년 영국으로부터 완전 독립하여 아일랜드 국가가 세워졌다. 아일랜드 공화국으로도 불린다. 아일랜드는 대다수가 가톨릭을 믿는다. 그러나 아일랜드에서 기독교를 믿는 사람들은 북아일랜드로 이주했다. 오늘날 북아일랜드는 영국에 속해 있다.

바다로 나가 세계를 경영

Good Queen Beth

그림 8 **엘리자베스 1세**
주: 스페인의 무적함대
(Spanish Armada) 격파
와 지구의(地球儀)에 손
을 얹어 세계경영 상징

유럽 서북부의 섬나라에 불과했던 영국이 세계무대에 등장
한 것은 언제부터일까? 엘리자베스 1세(1533-1603) 여왕 때다.
헨리 8세는 앤 블린과 결혼하여 그녀를 낳았다. 엘리자베스 1
세는 1558-1603년의 45년간 「잉글랜드와 아일랜드 왕국」을
다스렸다. 그녀는 평생 결혼하지 않고 살았다. 그녀는 종종
"짐(朕)은 국가와 결혼하였다."는 말을 했다.그림 8

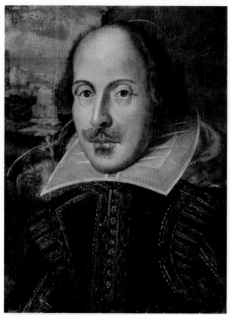

그림 9 **윌리엄 셰익스피어와 프랜시스 베이컨**

월터 롤리는 <세계를 지배하려면 바다를 지배해야 한다>는 신념을 몸으로 실천한 영국인이다. 그는 미국으로 건너가 영국 식민지를 만들었다. 그는 식민지 이름을 처녀여왕 엘리자베스에게 바친다는 의미의 버지니아(Virginia)로 명명했다. 여왕은 총신 월터 롤리의 언행에 귀를 기울여 바다로 나가고자 했다. 그러나 당시의 바다는 스페인의 무적함대(Armada)가 장악하고 있었다. 바다로 나가는 것이 용이하지 않았다. 여왕은 해적 출신 드레이크를 중용해 바다로 나아가는 길을 도모했다. 드레이크는 1587년 스페인 카디스(Kadiz) 만에서 선제공격으로 스페인을 쳤다. 1588년에는 프랑스 칼레에서 화공으로 스페인의 무적함대를 격파했다. 여지없이 무너진 무적함대의 침몰은 영국 해양진출의 팡파르로 이어졌다. 영국은 거침없이 바다로 나아가 세계경영에 나섰고 무역을 활성화했다. 동인도회사를 만들어 민간주도의 식민지 경영을 도모했다. 영국 동인도회사는 1600년에 설립되어 1874년 해산할 때까지 274년간 독점

그림 10 **호레이쇼 넬슨과 넬슨 기념탑(런던 트라팔가르 광장)**

무역으로 영국의 초기 자본축적에 기여했다. 1765-1857년 사이 인도의 상당 부분을 점유했다.

　여왕은 내치에도 힘썼다. 모직물 산업을 중시해 농사짓던 땅에 양을 키우는 enclosure movement(종획 운동)을 단행했다. 16-17세기에 종획 운동을 펼쳤고 18-19세기에도 종획운동이 있었다. 토지에서 쫓겨난 농민들은 방황했다. 토마스 모어는 『유토피아』(1516)에서 '양이 사람을 잡아먹는다.'는 말을 할 정도였다. 이에 여왕은 튜더구빈법을 만들어 사회복지정책을 펼쳤다. 엘리자베스 정책의 경제적 풍요로움은 문화를 꽃피웠다. 셰익스피어(1564-1616)의 문학과 베이컨(1561-1626)의 경험론 철학이 만개했다.그림 9, 37

　여왕의 세계 경영은 섬나라 영국을 세계적 대영제국으로 끌어 올리는 발판을 만들었다. 엘리자베스 여왕시대로 불렸다. Good Queen Beth라는 별명도 얻었다. 1607년 아메리카 정복을 시작으로 1947년까지 340년간 많은 영토와 인구를 지배했던 제국이 출현했다. 이를 대영제국(The British Empire) 또는 앵글로색슨 제국이라고 한다.

영국이 해양강국으로 올라서는 데에는 넬슨(Horatio Nelson, 1758-1805)의 공이 매우 크다. 나폴레옹은 호시탐탐 영국을 침공하려 했다. 평생을 전장 터에서 보내며 영국을 위해 헌신한 넬슨은 결연히 대처했다. 1805년 10월 21일 스페인 남부 트라팔가르곶에서 나폴레옹의 프랑스 함대와 스페인의 무적함대가 연합함대를 꾸려 영국을 침공하려 했다. 영국의 넬슨 제독은 선제 정면 돌파 공격으로 연합함대를 여지없이 격파했다. 영국은 27척의 배로 연합함대 33척 가운데 22척을 침몰시켰다. 트라팔가르 해전은 영국의 승리였다. 그는 제독선 빅토리 호에서 프랑스 저격수가 쏜 총탄에 맞아 전사했다. 그러나 넬슨은 1843년 런던 트라팔가르 광장에 세워진 넬슨 기념비 맨 위에서 오늘도 바다를 호령하고 있다.그림 10 트라팔가르 승전 이후 100여 년 동안

그림 11 **빅토리아 여왕의 만국박람회 개막식(런던 하이드 공원 수정궁)**

영국은 바다의 왕자가 되어 세계경영을 본격화했다.

　빅토리아 여왕은 21세인 1840년 독일계 알버트 공과 결혼했다. 21년 결혼 생활에 9명의 자녀를 두었다. 알버트 공은 1851년에 영국의 위상을 세계적으로 알린 런던 대박람회를 추진했다. 자국의 역량을 과시하기 위해 수정궁을 건축했다. 수정궁은 1936년 화재로 소실되었다. 당대 세계를 상대로 펼쳐진 런던 세계박람회는 런던을 세계적 도시로 발돋움 하도록 만들었다.그림 11 빅토리아 여왕은 1837-1901년의 64년간의 재위 동안「대영제국 및 아일랜드 연합왕국과 인도(United Kingdom of British Empire and Ireland and India)」의 여왕으로 세계경영의 정점에 섰다. 그녀가 통치한 식민지와 보호령은 인도, 캐나다, 오스트레일리아, 뉴질랜드 등이었다.

　빅토리아 시대는 대영제국의 전성기였다. 1913년 대영제국의 인구는 412,000,000명이었다. 당대 전 세계 인구의 23%였다. 1920년 대영제국의 영토는 35,500,000㎢였다. 지구 전체면적의 24%에 해당되었다. 이는 역사

■ 대영 제국　　■ 프랑스 제국

그림 12 **1920년 대영 제국과 프랑스 제국**

에서 한 나라가 점유한 가장 큰 인구와 영토로 평가된다. 이러한 현상은 영국의 정치적, 법률적, 언어적, 문화적 전통이 세계에 널리 퍼져 나가는 결과로 이어졌다. 당시 대영제국의 깃발은 지구 곳곳에서 밤낮으로 펄럭였다. 이런 연유로 대영제국은 늘 해가 떠있는 나라라는 평을 들었다.그림 12 세계 곳곳이 빅토리아 이름을 따서 명명되었다. 빅토리아 여왕 시대 이후 1837년부터 영국 왕실의 거처는 버킹엄 궁이다. 버킹엄 궁은 1703년 버킹엄 공작 존 셰필드가 세운 저택이었다.그림 13

영국의 세계경영은 자국의 이익을 위해 식민지를 활용했다는 점에서 제국주의로 해석되었다. 영국은 1750년대 이후 진행된 산업혁명과 과학기술의 발달로 자본주의가 크게 성장했다. 기업은 상품을 팔아야 했고, 은행은 투자할 곳을 찾아야 했다. 이런 욕구는 식민지를 개척해 활용하는 제국주의로 발전했다. 식민지에서 싼 값에 원료를 구입하고, 낮은 임금으로 노동력을 확보해 물건을 생산한 후, 만든 물건을 팔거나 재투자하는 방법을 택했다. 찰스 다윈이 1859년에 주장한 약육강식, 적자생존, 사회진화론 등을 원용하여 제국주의를 합리화하고자 했다. 영국과 세계 관계 등의 논리는 지리학과 인류학 등의 분야가 체계적으로 연구하여 지원했다. 1830년에 설립된 왕립지리학회는 찰스 다윈과 데이비드 리빙스턴의 답사를 지원했다. 그리고 1859년 빅토리아 여왕으로부터 왕립 칭호를 받았다.

영국은 아프리카의 3분의 1 면적과 인도, 그리고 중동의 상당 부분을 식민지로 만들었다. 이 과정에서 식민지의 인적 물적 자원을 확보하고 노동력을 이용해 자본을 축적했다. 노예무역도 행했다. 영국은 타 민족을 영국식으로 동화시킬 수 없다는 현실주의를 세계경영의 기본으로 삼았다. 정치와 경제 등은 영국이 관할했다. 그러나 언어와 풍습 등은 관여하지 않고 자율적 자치주의에 맡겼다. 식민지의 우수한 인재를 영국으로 데려와 교육시켰다. 우수한 인재는 1836년에 설립된 런던대학을 위시해 영국 여러 대학에서 교육받았다.그림 14 영국은 본인의 전공분야에 관계없이 개인교사 형태로 소수의 학생을 맡아 '머리를 영국인으로 만들어' 식민지로 돌려보내는 정책을 구사했다. 이런 화이부동(和而不同)의 효율적 식민정책은 생명력이 길었다. 아직도 상당수의 식민지는 영연방에 속해 영국과의 유대를 유지하고 있다. 영국의 현실주의 식민지 정책은 프랑스와는 대비됐다. 프랑스는 자국의 식민지를 프랑스와 같게 만든다는 동화정책을 구사했다.

그림 13 엘리자베스2세 여왕의 90회 탄신기념(런던 버킹엄 궁)

그림 14 **런던대학교**

영국은 1910년대 후반에 이르러 이라크까지 점령했다. 그러나 20세기 두 차례의 세계대전의 영향으로 대영제국은 붕괴되어 영연방(英聯邦)으로 바뀌었다. 1973년 영국은 유럽경제공동체의 일원이 되었고, 1992년에는 유럽연합의 창립 멤버가 되었다.

산업혁명으로 자본주의 구축

의회제도로 정치를 안착시킨 영국은 세계경영으로 날개를 달았다. 영국은 세계 곳곳의 식민지를 대상으로 해외무역을 펼쳐 자본을 축적하고 자원을 확보했다. 각 나라에서 쌓아놓은 상당한 기술도 영국에 유입되었다. 종획운동으로 농촌인구가 도시에 유입됐고 교역확장으로 새로운 인구가 늘어났다. 산업 활동에 필요한 노동력이 구축된 것이다. 게다가 석탄과 철 등의 산업을 뒷받침할 수 있는 지하자원도 확보되었다.

식민지 인도에서 유입된 면직물은 영국에 새로운 바람을 불러 일으켰다. 사람들 사이에서는 모직물보다 값도 싸고 빨아 입기 편리한 면직물에 대한 선호도가 크게 늘어났다. 국내외에서 면직물의 수요가 급증하자 면직물 대량생산방법을 찾게 되었다. 필요는 발명의 어머니였다. 대량생산이 가능하도록 동력과 기계가 발명되었다. 이것은 급기야 생산방법의 혁신적인 변화를 가져와 산업혁명(Industrial Revolution)으로 이어졌다. 영국의 산업혁명은 1750년에서 1850년 사이에 이루어졌다. 영국의 면직물공업은 산업혁명의 기폭제였다. 유럽 여러나라로 산업혁명의 흐름이 퍼져 나갔다.

1733년에는 존 케이가 방직기를 발명했다. 이어 수력 방적기·역직기 등이 발명되면서 모직물에서 면방직 생산으로 변화되었다. 수력 방적기는 물이 흐르는 곳에 공장을 세워야 하는 제약이 있었다. 1763-1775년의 기간 동안 제임스 와트는 증기기관을 개량해 생산과정을 개선시켰다. 물을 끓여 수증기의 힘으로 기계를 움직이게 한 것이다. 물을 끓이려면 석탄이 필요하고 증기기관을 만들려면 철이 필요했다. 이에 석탄 가공 공업과 제철 공업이 연계되어 발전했다. 제철공업 기술은 연관산업의 발달을 촉진시켰다.

그림 15 **세계 최초의 철제 다리 아이언 브리지**

1779년 세계 최초로 세번 강에 아이언 브리지(Iron Bridge)가 건설되어 1781년에 개방했다.그림 15 1807년에 증기선이 운항됐고 1814년에 증기기관차가 달리게 되었다.

　배를 만들고 목재연료를 과다하게 썼던 영국은 목재자원이 고갈되었고 새로운 자원인 석탄에 눈을 돌렸다. 다행히 영국에는 풍부한 노천 탄광이 많았다. 적은 노력으로 쉽게 채탄이 가능했다. 그런데 비가 많은 영국의 지리적 특성은 애로사항이었다. 석탄 갱도에 물이 고이는 경우가 많아 그 물을 퍼내야 했기 때문이다. 석탄으로 인한 오염도 문제였다. 이러한 문제는 증기기관과 코크스를 활용한 제철산업화로 해결됐다. 1850년대 후반부터 시작한 영국의 제철산업은 1950년까지 산업발전에 큰 역할을 했다. 제철도시 셰필드의 Bessemer converter가 핵심 기능을 했다.

　영국은 섬나라라는 이점이 있어 운하를 이용해 어디에서나 바다에 접근하기가 쉬웠다. 1830년 최초로 리버풀과 맨체스터의 도시 간 철도가 놓였다. 용이한 수송수단에 힘입어 유럽과 세계시장으로 영국 상품이 급속히 팔려 나갔다. 물을 이용한 수상교통수단은 영국의 상품수송에 큰 몫을 했다.

산업화가 경제적 풍요로움을 가져왔으나 환영만 받은 것은 아니었다. 1811년에서 1816년 사이에 러다이트 운동이 터졌다. 노팅엄셔·요크셔·랭커셔 등에서 자본가에게 빌려 쓰던 기계를 파괴하는 일이 벌어진 것이다. 기계 발명과 기술 혁신으로 수공업 기반이 무너져 일자리를 잃게 되었기 때문이다. 임금이 제대로 지불되지 않자 노동자들은 반발하여 사회운동을 일으켰다. 1838년 노동자들의 요구는 참정권을 요구하는 차티스트 운동으로 발전했다.

시대의 흐름은 공장과 산업 확장 등의 산업변화에만 머물지 않았다. 경제사회 전반에 걸친 큰 변화로 이어졌다. 특히 경제현상에 관한 여러 이론들이 대두됐다. 존 스튜어트 밀, 맬서스 등은 자유로운 경제사상을 바탕으로 자본주의 체계에 관한 여러 이론을 제시했다. 1776년 애덤 스미스는 『국부론』의 저서로 자본주의를 옹호했다. 존 케인스는 『일반이론 *General Theory*』(1936)에서 정부 역할의 중요성을 강조했다. 마르크스는 『자본론 *Das Kapital*』(1867) 등을 통해 사회주의 자본이론을 펼쳤다.

산업혁명에서 기계 발명으로 공장시스템이 등장했다. 교통과 상업도 발달했으며, 자본가와 노동자 계급이 형성됐다. 산업혁명은 사회경제의 구조적 변화를 일으켰다. 산업화한 나라는 1800년 이후 각 개인별 소득이 급격히 늘어나는 결과로 이어졌다. 근대 자본주의가 태동된 것이다. 영국은 산업혁명으로 자본주의를 구축하는 역사적 증인이 되었다.

한편 영국에서는 산업화로 물질적인 발전이 급속히 나타나면서 해결하기 어려운 일이 많아졌다. 이때 열정적인 복음화로 어려움을 풀어야 한다는 종교운동이 등장했다. 새로운 정신운동의 지도자는 성공회 사제였던 존 웨슬리였다. 그는 1738년 5월 24일 루터의 로마서 강의를 듣고 마음이 뜨거워지는 회심의 신앙체험을 하게 되었다. 웨슬리는 이를 바탕으로 감리교(Methodist) 신앙을 확립했다. 런던에 감리교 본부가 있다.

영국은 597년 가톨릭이 들어오고 1534년 성공회가 국교로 자리잡았다. 1649년 청교도 혁명을 거쳤고 여기에 감리교가 더해진 기독교 국가다. 960-1065년간 지은 성공회 성당 웨스트민스터 사원은 웨스트민스터 궁전 서쪽에 있다. 앵글로색슨왕 에드워드 참회왕이 세웠다. 웨스트민스터 사원은 1066년 정복왕 윌리엄 1세부터 현재의 엘리자베스 2세까지 900여 년간 대관식이 거행된 장소다. 주요 종교행사 장소로도 활용된다. 엘리자베스 1세 등 왕들과 아이작 뉴턴 등의 묘지가 있다. 2001년 영국의 기독교 인구는 71.6%였고 2011년에는 59.5%로 조사됐다. 기독교는 영국을 버텨주는 핵심적 기둥 가운데 하나다.그림 16

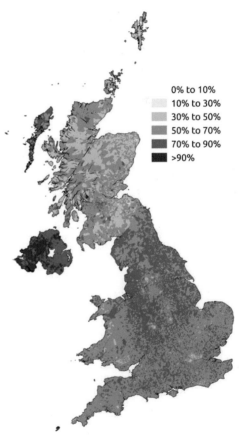

0% to 10%
10% to 30%
30% to 50%
50% to 70%
70% to 90%
>90%

그림 16 웨스트민스터 사원과 영국 기독교의 분포

영어를 세계 언어로 만들다

영국은 런던 표준어인 영어를 세계 언어로 만들었다. 영어는 영국, 미국 등 주요 국가를 위시하여 세계적으로 10억 명 가까운 사람들이 사용한다. 중국어는 중국과 동남아 화교 등 중국인 13억 명이 사용해 숫자는 많다. 그러나 영어는 세계에서 가장 널리 사용하는 말이라고 할 수 있다. 영어는 수십 개 국에서 공식 언어 내지 제2공식 언어로 쓰인다. 전 세계 모든 지역에서 영어가 가르쳐지고 있다.

세계적인 공용어가 된 영어는 영국의 문화, 종교, 생활양식을 세계에 알리고 있다. 영국은 베이컨이 정리한 경험주의가 국민성에서 잘 나타난다. 추상적인 내용보다 인간과 사회의 삶을 구체적으로 다루는 문학 작품이 많다. 영어로 된 15 - 16세기의 셰익스피어, 17세기의 밀턴, 19세기의 바이런, 20세기의 엘리엇 등의 수많은 문학작품은 세계적으로 문화적인 영향력을 구사하고 있다. 이 가운데 1600년 전후에 활동했던 셰익스피어(William Shakespeare, 1564-1616)의 파급력은 크다. 엘리자베스 1세는 "인도 대륙을 주어도 셰익스피어와는 바꾸지 못한다."라고 말했다. 그와 같은 시대의 시인 벤 존슨은 "셰익스피어는 한 시대의 인물이 아니라 모든 시대의 인물(not of an age, but for all time)"이라 했다. 셰익스피어는 4대 비극과 5대 희극을 남겼다. 4대 비극은 『햄릿』, 『리어왕』 등이다. 5대 희극은 『베니스의 상인』, 『십이야』 등이다.

영어는 전 세계에 문화적 영향력을 행사한다. 1871년에 지어진 런던 사우스 켄싱턴의 알버트 홀에서는 콘서트, 뮤직 페스티벌, 전시, 박람회, 연설회 등이 열린다. 클래식 음악축제인 프롬(Proms)도 개최된다. 알버트 홀은

1851년 제1회 만국박람회의 수익금으로 건립되었다. 알버트 공의 기념비가 있다._{그림 17}

그림 17 **왕립 알버트 홀**

제2차 세계대전 이후 영국의 뮤지컬, 팝, 록 음악 등은 세계적으로 널리 퍼졌다. 영국의 뮤지컬은 런던 웨스트 앤드와 미국 브로드웨이 등에서 공연된다. 오페라의 유령, 레미제라블, 캣츠, 미스사이공 등은 4대 뮤지컬 명작으로 평가된다. 팝과 록 그룹인 비틀즈, 퀸, 엘튼 존, 조지 마이클 등은 브리티시 록(British Rock)을 만들었다고 한다. 대형 스포츠와 대중음악 공연은 런던 웸블리 아레나에서 공연된다. 2019년에는 한국의 BTS가 웸블리 아레나에서 공연했다.

　영국은 영국과 관련을 맺은 여러 나라의 문물을 모아 1753년 대영박물관을 개관했다. 연 6백만 명이 세계문화를 보기 위해 방문한다.그림 18 영국은 국력양성을 위해 교육에 힘을 쏟았다. 1096년에 시작한 옥스퍼드대그림 19, 1209년에 문을 연 케임브리지대, 1440년에 설립된 이튼스쿨 등이 대표적이다.

그림 18 **대영박물관**

그림 19 **옥스포드대학교 크라이스트 처치홀**

영국인은 대체로 과거를 존중한다. 섬나라의 자연과 역사에 대한 적응력을 발휘해 응전과 실험정신도 있다. 영국인은 어려운 일에 대해 침착하게 대응하는 경향이 있다. 영국인은 '천천히 꾸준히 하면 경기에 이긴다(Slow and steady wins the race)'는 말을 새긴다. 이 말은 기원전 620-560년에 살았던 그리스 작가 이솝 우화의 토끼와 거북이로 비유하기도 한다. 상대의 프라이버시를 존중하고 폐쇄적이어서 쉽게 친해지기 어려운 측면이 있다.

그림 20 **영국 의회(런던)와 북아일랜드 의회(벨파스트)**

02 영국의 수도 런던

영국의 역사와 문화는 대부분 런던(London)과 주변 지역에서 이루어졌다. 런던은 영국의 수도이자 영국 최대 도시. 도심부와 주변지역을 합쳐 대도시권인 대런던(Greater London)을 구성하며 1,569㎢ 면적에 8,908,000명이 산다. 런던의 지표(地表)는 점토와 모래의 혼합토로 덮여 있어 지반이 비교적 약하다.

런던은 BC 55년 카이사르가 정복했을 때 켈트족이 살았었다. 43년 론디니움을 세웠고 이곳이 시티오브런던이다. 410년 게르만 민족 대이동이 시작되면서 로마군은 본국으로 철수했다. 400년대 초 게르만 부족인 앵글족, 색슨족, 유트족이 브리튼 섬 동부로 들어왔다. 런던은 새로운 도시로 변모했다. 800년대 바이킹족이 들어와 도시가 무너졌으며, 880년대 알프레드 대왕은 런던을 새로 정비했다.

영국 의회정치는 웨스트민스터 궁전에서 비롯됐다. 웨스트민스터 궁전은 1016년 건설된 이후 왕실로 사용됐다. 1512년 화재로 궁전 일부가 불탔다. 1530년 헨리 8세는 화이트 홀 궁전으로 거처를 옮겼다. 화이트 홀 궁전은 1698년 화재로 소실됐다. 1707년 이후 웨스트민스터 궁전은 온전히 국회의사당으로 사용되었다. 1834년 화재로 궁전이 불탔다. 1876년 건축가 찰스 배리 등이 새로 궁전을 건설해 지금에 이르고 있다. 1973년 이후 벨파

스트에 있는 북아일랜드 의회 건물이 사용되고 있다.^{그림 20}

시계탑 Big Ben은 1859년에 국회의사당 북쪽 끝에 세워졌다. 높이 106m 다. 동서남북 네 방향으로 시계가 설치되어 있다. 종(鐘)의 이름은 설치감독 벤자민 홀이 거구(巨軀)여서 '빅 벤'이라고 불렸다. 그러나 2012년 영국 여왕 엘리자베스 2세의 취임 60주년을 기념하여 엘리자베스 타워로 이름이 바뀌었다. 취임 60주년을 다이아몬드 쥬빌리라 한다. 빅토리아 여왕과 엘리자베스 2세 여왕 두 명이 60주년을 거쳤다. 시티오브런던과 카나리워프 개발로 런던의 스카이라인이 새로워졌다. 런던 아이도 건설됐다.^{그림 21}

로마시대 론디니움 요새로부터 시작된 시티오브런던은 고대로부터 런던의 핵심 지역이었다. 간단히 더 시티(The City)라고도 한다. 마그나카르타 이래로 독자적인 자치권을 누리는 곳이다. 금융과 전문직 관련 비즈니스와 서비스가 이뤄지는 세계적인 금융허브다. 유동인구 50만 명이 드나든다. 1694년 중앙은행인 영국은행이 런던의 더 시티에 있다. 시티오브런던이 새로 개발되면서 스카이라인이 달라졌다. 템즈강을 따라 Fenchurch 거리, Leadenhall 빌딩, St Mary Axe 등이 조성됐다.^{그림 22}

그림 21 **런던의 현대적 도시경관**

1209년 템즈강에 타워 브리지가 처음 건설됐다. 여러 차례 개보수를 거쳐 1894년에 다시 세웠다. 대형 선박이 통과할 때마다 다리 가운데가 열리는 개폐형이다.그림 23

1665-1666년 사이 도시 빈민가를 중심으로 대역병인 페스트가 돌았다. 약 100,000명이 사망했다. 당시 런던인구의 25%였다. 1666년에는 대화재가 일어났다. 빵공장에서 시작된 불은 5일간 세인트 폴 대성당을 비롯해 교회, 길드 회관, 주택들을 태웠다. 화재 이후 런던은 목재 대신 돌과 벽돌

그림 22 **론디니엄과 더 시티**

등의 불연재(不燃材)로 도시를 재건했다. 1675-1710년간 크리스토퍼 렌은 성공회 성당인 세인트 폴 대성당을 새로 지었다.

1190년 길드 조합원들이 런던의 첫 시장을 뽑았다. 런던은 1500년대와 1600년대에 번영했다. 헨리 8세(재위 1509-1547) 때 귀족들이 장벽 바깥 런던 서쪽에 사유지를 지었다. 이곳은 웨스트 엔드(West End of London)로 발전했다.

그림 23 **타워 브리지**

많은 상인들이 웨스트엔드로 옮겨갔다. 19세기 초부터 현재의 지명이 사용됐다. 웨스트엔드는 웨스트민스터 시와 캠던 구 대부분 지역이다. 시티오브런던이 금융지구라면 웨스트엔드는 상업·문화 중심지다. 엘리자베스 1세(재위 1558-1603) 때 런던은 세계무역의 중심지로 발돋움했다. 상인들은 부유해져 화려한 집을 지었고, 영국의 첫 극장들이 런던 외곽 지역에 개장되었다. 이 시기에 셰익스피어가 활동했다.

18세기 이후 산업혁명을 거치며 런던은 급속히 성장했다. 1800년에 런던 인구는 1백만 명이었다. 그리고 그 시기에 세계에서 가장 큰 도시로 성장했다. 산업혁명으로 도시 상인과 은행가는 큰 재물을 모았다. 부자들은 웨스트엔드에서 여유 있는 문화생활을 즐겼다. 1800년대 중반 웨스트엔드는 유행의 메카가 되었다. 그러나 산업혁명은 런던에 번영과 고통을 함께 가져다주었다. 부두·공장·창고에서 일하는 사람들은 가난했다. 1800년대 이후 수많은 런던 시민들은 도시의 허름한 지역에서 살아야 했다. 20세기에 이르러 영국의 식민지가 독립되면서 이민자들이 급증했다.

13세기부터 청과물 시장이었던 코번트 가든은 대화재 후 17세기에 대형 마켓으로 발전했다. 오늘날에도 성업 중이다. 코번트 가든 앞에서는 거리

공연이 이뤄진다.

　19세기부터 번창한 소호(SOHO)는 웨스트민스터 시의 한 지역이고 웨스트엔드의 일부다. 소호는 1536년 헨리 8세의 농지로 출발했다. SOHO란 뜻은 17세기에 사냥할 때 외치는 소리였거나, 1685년 전투에서 부하들을 불러 모을 때 소호라고 했다는 말이 있다. 소호 카나비 거리는 늘 사람들로 붐빈다. 피커딜리 광장은 1891년에 세워졌다. 소호의 번화가는 옥스퍼드 거리, 리전트 거리, 채링 크로스 거리로 둘러싸여 있다. 피커딜리는 <피카딜>이라는 레이스 칼라에서 유래했다. 스트랜드 거리에 있던 양복점에서 만든 레이스였다. 피커딜리 광장의 입간판은 전 세계를 상대로 한 광고의 꽃이다. Coca Cola 간판은 1956년부터 현 위치에 있었다. 1987년부터 있던 SANYO 간판자리에 2011년 9월 LED로 작동하는 한국의 현대자동차 간판이 들어섰다.그림 24

그림 24 **피커딜리 서커스**

그림 25 대런던의 연담화

1750년 웨스트민스터 다리 건설을 시작으로 템즈강 위에 많은 다리가 세워졌다. 교통이 발달하자 중심도시 런던 주변지역으로 연담화가 이뤄졌다. 중심도시가 넓게 확장되며 1888년 대(大)런던(Greater London) 개념이 대두됐다. 1889년에 28개 자치구(boroughs)가 생겼다. 오늘날에는 32개 자치구로 늘었다.그림 25

런던은 서안해양성 기후의 영향으로 안개가 자주 발생해 희뿌연한 대기일 때가 많다. 이런 좋지 않은 기후에서 런던을 쾌적한 도시로 만드는 데 공원의 역할이 컸다. 런던에는 크고 작은 공원이 80여 개 있다. 하이드 공원은 1536년 헨리 8세에 귀속되어 왕실 소유였다. 시민들은 서펜타인 호수에서 뱃놀이를 즐긴다. 스피커즈 코너에서는 일요일 9시에 토론을 진행한다. 켄싱턴 가든스는 하이드 파크와 연접해 있다. 세인트 제임스 공원은 세인트 제임스 궁전에 속해 있다가 17세기 전반 찰스 1세 때 시민에게 개방되었다. 70여 종 1천여 마리 새들이 사는 새들의 천국이다. 1820년에 조성된 그린 공원은 왕실의 사냥터로 출발했다. 하이드 공원, 세인트 제임스 공원, 그린공원, 버킹엄 궁 등이 있어 런던의 푸르름이 유지된다.그림 26

그림 26 **런던의 녹지공간(하이드 공원, 세인트 제임스 공원, 그린공원, 버킹엄 궁)**

　1420년대부터 영국 왕실은 템스 강변에 위치한 그리니치를 선호했다. 그로스터 공작이 이곳에 궁전을 짓고 왕실 정원을 조성했다. 그는 언덕 위에 망루를 세웠다. 망루에서 보면 그리니치 궁전과 새로 조성된 도크랜드 카나리워프가 보인다. 이 망루에 1675년 왕립 그리니치 천문대가 들어섰다. 1884년 워싱턴국제회의에서 경도 0°인 본초자오선 Prime Meridian을 지정해 경도의 원점으로 삼았다. 본초자오선은 그리니치 천문대를 지나면서 북극과 남극을 연결시켜 주는 선이다. 1852년 천문대 앞에 24시간을 알리는 시계가 들어섰다.그림 27

그림 27 그리니치 천문대의 본초자오선과 24시간
시계

그림 28 **런던 시청**

   런던 시청은 템즈 강변에 있다. 2002년에 문을 열었고, 달걀처럼 생겨 유리달걀이라고도 한다. 노먼 포스터가 설계했다. 이 건물의 특징은 에너지 절약형 친환경 건축물이다. 남쪽으로 건물을 기울게 만들었다. 직사광선을 피해 그늘지게 하고자 했으며, 창문으로 바람이 들어오게 해 에어컨 가동을 줄였다. 건물 모양 자체도 둥근 형태로 만들어 사각형 건물에 비해 유지관리 비용을 절감했다.그림 28

03 친환경적인 도시 관리

　산업혁명으로 영국 미들랜드 지역이 신흥 공업도시로 발돋움했다. 제철과 석탄산업에 기초해 공업도시로 성장했다. 그러나 성장의 그늘이 너무 어두웠다. 미들랜드의 맨체스터는 19세기에 면공업 중심지가 되었다. 그러나 면공업으로 인해 맨체스터 도시환경이 극도로 나빠졌다. 산업혁명 절정기 때 영국인의 평균수명은 41세였으나, 맨체스터 시민의 평균수명은 25세에 불과했다. 석탄연료로 대기가 악화되었고, 생활환경이 불결했으며, 유·소년층과 부녀자들이 과다하게 노동에 내몰린 결과였다. 버밍엄은 많은 공장이 들어서면서 도시가 흑색으로 변했다.

　영국에는 1952년 12월 5일에서 9일간 대기오염으로 인한 런던 스모그 재앙(Great Smog of London)이 덮쳤다. 낮인데도 구름과 안개로 햇볕이 차단되어 어두웠다. 스모그로 트라팔가르 광장의 넬슨 기념탑이 가물가물하게 보였다. 습도는 80%가 넘었다. 가정이나 산업체에서 주로 사용하는 석탄연소 연기는 걸러지지 않은 채 배출되었다. 석탄 연소연기는 무풍현상과 기온역전으로 지면에 정체되었다. 배출된 연기와 짙은 안개는 뒤엉켜 두꺼운 스모그를 만들었다. 두꺼운 스모그 속에 있던 아황산가스는 황산안개로 돌변했고 시민들의 호흡기에 치명적인 독약으로 작용했다. 지속된 스모그 현상은 호흡장애, 질식, 만성폐질환을 일으켰다. 무려 12,000여 명이 목숨을 잃었다. 참혹한 환경 재앙이었다. 잘 살기 위해 산업화를 진행했으나, 뜻하지 않게 멀쩡한 시민의 목숨을 앗아가는 일이 터진 것이다.

영국의 환경 재앙은 산업혁명의 빛과 그림자 가운데 그림자 측면에 해당한다. 미들랜드의 여러 공업도시가 신흥도시로 발전하여 빛을 얻었으나, 산업화로 인한 환경파괴의 어두운 그림자가 도시민의 생활환경을 망가뜨리게 된 것이다. 영국은 친환경적으로 도시를 관리해야 한다는 명제를 갖게 되었다. 먹고 살기 위해 산업화를 해야 하나, 지속가능한 환경 관리가 병행되어야 함을 절감하게 된 것이다.

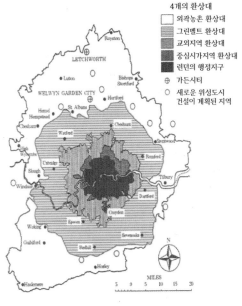

그림 29 **아버크롬비의 1944년 대 런던 계획**

친환경 패러다임에 입각한 실천적인 도시계획이 대두됐다. 1944년 런던대 아버크롬비 교수는 대런던 계획을 발표했다. Greater London Plan은 런던의 중심부로부터 중심시가지·교외지역·그린벨트·외곽농촌의 4개 지구로 나누었다. 도심에서 반경 30마일 이내의 지역이다. 중심부에 집중되어 있는 인구와 산업을 그린벨트 밖의 주변지역에 분산시키도록 계획했다. 제2차 세계대전 때 런던이 집중 폭격으로 큰 피해를 당했기 때문에 이를 극복하기 위한 의도도 담겨 있었다.그림 29

오늘날 영국은 모든 도시 관리에서 환경을 독립변수로 놓고 계획을 짠다. 산업화를 했으나 환경파괴로 큰 고통을 겪었던 영국이 모든 세계도시 관리에 반면교사의 지침을 준 셈이다. 친환경적인 도시 관리에서 도시 내 신도시를 만들거나, 도시 주변지역에 새로운 신도시를 조성하는 방법을 쓴다. 그리고 모든 도시계획에서 친환경을 도모하는 그린벨트(greenbelt) 패러다임을 활용한다.

전원도시 레치워스와 웰윈

영국의 친환경 도시 관리 실천운동은 1900년 초부터 시작되었다. 에베네저 하워드는 영국 북부 레치워스와 웰윈에 전원도시(garden city)를 만들면서 친환경 패러다임을 실천했다. 강제적으로 도시를 개발하지 못하도록 억제하는 친환경의 그린벨트 개념을 도입한 것이다.

1850년에서 1928년 사이에 에베네저 하워드는 도시개혁운동가로 활동했다. 하워드가 활동했던 당시 영국의 도시와 농촌문제는 매우 심각했다.

18세기 영국에서 산업혁명이 시작되고 지속적으로 종획 운동이 전개되면서 토지를 잃은 농민들이 도시로 몰려왔다. 도시는 과밀화되고 빈민촌이 넘쳐났다. 농촌은 황폐화되고 고령 인구만 남았다. 하워드는 사람들이 태양이 밝게 비치는 아름다운 땅에서 살 수 있도록 해야 한다고 생각했다. 이런 고민은 농촌과 도시를 결합해야 한다는 생각으로 이어졌다. 전원도시(garden city) 패러다임이 착안된 것이다.

그는 1899년 창립된 전원도시협회를 중심으로 전원도시 개념을 주창하고 실천했다. 그는 1902년 자신의 철학과 실천 의지가 담긴 『내일의 전원도시 *Garden Cities of To-morrow*』를 출판했다. 그는 "건강한 생활과 건전한 산업 활동이 행해지고, 너무 크거나 작지도 않은 규모의 전원지대로 둘러싸인 전원도시가 필요하다. 전원도시는 원칙적으로 기존 대도시로 통근하지 않고, 경제적 자립성이 있으며, 도시팽창을 억제하는 중요한 요건이 있어야 한다."고 역설했다.

그림 30 **에베네저 하워드와 레치워스의 하워드 스튜디오**

하워드는 1903년 런던에서 북쪽으로 62.4km 떨어져 있는 농촌지역에 레치워스(Letchworth)라는 첫 번째 전원도시 건설을 시도했다. 런던에서 북쪽으로 기차를 타고 가다가 레치워스로 접어들게 되면 <세계 최초의 전원도시에 온 것을 환영한다>는 문구가 있는 입간판이 보인다. 전원풍의 기차역이 조성되어 있다. 레이몬드 언윈과 배리 파커는 하워드의 아이디어를 살려 레치워스를 설계했다. 이들이 전원도시를 설계하고 작업했던 하워드 스튜디오는 오늘날 박물관으로 바뀌었다. 이 박물관에는 하워드와 동료들이 작업

그림 31 **레치워스 가든 시티 기차역과 오픈 스페이스**

하는 모습을 밀랍인형으로 만들어 놓았다. 전원도시에 관한 많은 자료가 비치되어 있다.그림 30 레치워스는 가장 비싼 지역인 도심부에 커다란 규모의 녹지와 공원으로 활용하여 녹지대가 조성됐다. 오픈 스페이스로 도시에 뻥뚫린 듯한 느낌을 부여했다.그림 31 하워드의 레치워스 건설은 미완으로 끝났다.

그는 1919년에 스와송 등과 함께 런던에서 북쪽으로 40.1km 떨어져 있는 지역에 웰윈(Welwyn) 건설을 시도했다. 레치워스에 이어 두 번째였다. 웰윈 기차역을 중심으로 오른쪽 지역에는 생산 기능을 담당하는 공업지역이 조성되도록 했다. 왼쪽 지역에는 주거지역이 위치했다. 웰윈에서는 쿨데삭이라는 다양

그림 32 **웰윈 가든 시티 개인 주거지와 절대 농지 그린벨트**

한 형태의 막다른 골목을 만들었다. 시민들이 간선도로에서 막다른 골목으로 들어와 차를 세운 후 걸어서 집에 가도록 했다. 이는 집들이 숲에 둘러싸여 마치 산 속에 저택이 들어선 것 같은 경관이 연출되었다. 또한 웰윈에서는 농지가 조성되고 그 지역은 개발이 어렵도록 했다. 이는 그린벨트 개념으로 발전했다.그림 32 그러나 웰윈도 미완으로 끝났다. 그는 전원도시를 완성하지 못한 채 1928년 웰윈에서 눈을 감았다. 웰윈 기차역에 하워드 센터가 있다. 그리고 레치워스에는 하워드공원(Howard Park)이, 웰윈에는 하워드게이트(Howard's Gate)가 있다.

하워드의 철학은 후대에 와서 완성되어 세계 전원도시의 모형이 되었다. 영국은 절대농지에서 비롯된 개발제한구역의 개념을 발전시켜 그린벨트를 도입했다. 오늘날 환경친화적인 선진 도시에서 그린벨트는 가장 핵심적인 환경 논리로 작동한다. 영국은 14개 도시권역에 국토면적의 약 13%를 그린벨트로 설정해 친환경적인 국토 관리를 하고 있다.

신도시 도크랜드와 밀턴 케인즈

도크랜드(Dockland)는 런던 도시 안에 신도시를 개발한 사례다. 1880년대에 런던 항구가 개발되면서 이 지역은 1960년대까지 번성했다. 그러나 항구 기능이 변화되면서 부두가 폐쇄됐고 지역경제가 쇠퇴했다. 1981년 지역 경제 활성화를 위해 이 지역을 개발키로 했고 이는 도크랜드 개발이라 명했다. 카나리워프와 그리니치 밀레니엄 빌리지가 개발됐다.그림 33 템즈강의 수위를 일정 수준 유지토록 하천을 관리했다. 도로와 경전철 등 교통시설은 런던시 내와 기타 도시에 접근이 용이하도록 했다. 1987년에는 유럽 노선까지 취항하는 공항을 만들었다.그림 34

1991년에 들어선 신도시 카나리워프는 도크랜드 비즈니스지구 개발의 핵심이다. 카나리는 '개'를 뜻하는 라틴어 canis에서 유래했다. 카나리워프

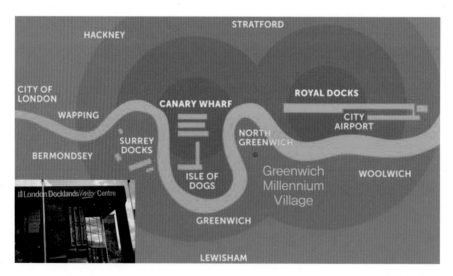

그림 33 **도크랜드의 카나리워프와 그리니치 밀레니엄 빌리지**

는 런던 금융의 중심지로 부상해 국제적 금융회사, 다국적 법률회사, 언론사들이 있다. 초고층 건물이 세워져 카나리 워프 타워가 이뤄졌다._{그림 35}

폐쇄된 가스공장지역에 그리니치 밀레니엄 빌리지 주거지가 세워졌다. 퍼블릭 하우징으로 개발됐다. 정부, 지방자치단체, 공기업 등 공공주택 당국이 아파트와 주택을 짓고 관리 운영하고 있다. 이곳은 인접해서 개발된 금융가 카나리 워프의 연계한 주거지로서의 역할도 한다. 밀레니엄 빌리지는 도시에 살면서도 마을의 정서를 느낄 수 있도록 도시 속 마을(village in town)을 지향했다. 생태습지공원도 만들었다.

그림 34 **도크랜드의 템즈강 하천 수위 조절과 시티 공항**

밀턴 케인즈는 런던 도시주변에 개발된 신도시 사례. 밀턴 케인즈는 런던과 버밍엄 중간에 위치하며 런던 북방 87.6km 지점이 있는 신도시다. 1967년부터 런던 대도시권의 인구를 분산시키고 베드타운이 아닌 자족도시를 지향하여 계획된 도시다. 89km² 면적에 229,941명이 산다. 업종은 비공해 산업 중심으로 유치하고 공해물질 배출기준도 엄격하다. 호수, 녹지 관리, 도시진입로, 수변개발, 정기시장 등이 있는 친환경 도시다. 여러 나라의 신도시 개발 사례로 활용된다.

그림 35 **도크랜드 카나리 워프**

런던 저탄소 주거 단지 베드제드

영국은 런던 시 남쪽에 있는 베드제드(BedZED)에서 저탄소 녹색 주거단지를 조성해 탄소배출을 줄이려 모색하고 있다. 베드제드는 베딩톤 제로 화석연료 에너지 개발의 약자이며, 폐기물 매립지에 지은 주거단지다. 2000년에 착공해 2002년에 완공했으며, 탄소발생을 최소화하려고 직주근접 방식을 택했다. 1,405m² 면적에 82호의 일반가구와 10개의 사무실을 세웠다. 에너지 손실을 줄이려고 패시브 하우스를 선택했다. 닭 머리 벼슬같이 생긴 환기통으로 공기를 빨아들인다. 공기를 먼저 덥힌 후 필요할 때 사용하는 방법이다.그림 36

섬나라는 지리적으로 개방되어 있다. 어느 곳에서든지 용이하게 접근할 수 있다. 자체 방위력이 튼튼하면 외부의 침입을 막을 수 있다. 그렇지 못하면 침공 당한다. 영국은 1066년 이전에는 외부 세력에 노출되어 여러 인종이 영국 본토에 들어왔다. 1066년 이후에는 외부의 침공 없이 본토 자체를 잘 유지해 왔다. 오히려 엘리자베스 1세 시대 이후 바다로 나가 세계

그림 36 런던 베드제드 저탄소 생태주거 단지

를 경영했다. 빅토리아 여왕 때는 세계경영의 전성기였다. 1215-1721년의 500여 년간에 걸쳐 왕권을 견제하여 의회중심의 정치제도를 안착시켰다. 1750-1850년 기간의 산업혁명을 통해 자본주의를 구축하여 경제적 안정을 기했다. 2021년 영국의 1인당 GDP는 46,344달러다. 노벨상 수상자는 137명이다. 영어를 세계 공용어로 만들면서 국력 신장과 유지에 큰 성과를 거두었다. 기독교 신자가 59.5%인 기독교국가다. 영국은 영어를 세계공용어로 만들었고, 자본주의 체제를 구축했으며, 기독교로 정신적 안정을 추구했다. 특히 영국은 의회민주주의를 처음 세운 국가로 전 세계 의회민주주의 모델이 되고 있다.

런던은 지나온 영국의 총체적 생활양식이 고스란히 녹아있는 영국인의 심장이다. 산업화로 큰 환경적 어려움을 겪었다. 전원도시 레치워스와 웰윈, 신도시 밀턴 케인즈는 삶의 질을 추구하는 친환경도시다. 영국 도시는 지속가능하고, 친환경적이며, 시민중심의 도시 거버넌스를 도모한다. 영국 도시는 도시를 관리하고 있는 전 세계 모든 도시에게 도시 거버넌스의 실제 사례를 보여주고 있다.

그림 37 윌리엄 셰익스피어

Cherbourg

Le Havre
Rouen

PICARDIE

Lille
NORD-PAS-DE-CALAIS
Arras

Amiens

Charleville-Mézières

Caen

HAUTE-NORMANDIE

Beauvais
Laon

Metz

BASSE-NORMANDIE

Evreux

Châlons-sur-Marne
Bar-le-Duc
Nancy
Strasbourg

Brest
Saint-Brieuc

Alençon

★ Paris
ÎLE-DE-FRANCE

CHAMPAGNE-ARDENNE

LARRAINE

ALSACE

BRETAGNE

Chartres

Epinal
Colmar

Quimper

Rennes
Laval
Le Mans

Orléans

Troyes
Chaumont

Mulhouse
Belfort

Lorient
Vannes

PAYS DE LA LOIRE

Tours
Blois

Auxerre

Vesoul
Besançon

Angers

Dijon

Saint-Nazaire
Nantes

CENTRE

Bourges

BOURGOGNE

FRANCHE-COMTÉ

La Roche-sur-Yon
Niort
Poitiers

Châteauroux

Nevers

Lons-le-Saunier

Moulins

Mâcon
Bourg

La Rochelle

POITOU-CHARENTES

Guéret

Annecy

Limoges

Lyon

Angoulême

LIMOUSIN

Clermont-Ferrand

Saint-Etienne

RHÔNE-ALPES

Chambery

Périgueux
Tulle

AUVERGNE

Grenoble

Bordeaux

Aurillac
Le Puy
Privas
Valence

Gap

Cahors
Rodez
Mende

Digne

AQUITAINE

Agen
Montauban
Albi

Nîmes
Avignon

Nice
■ MONACO

Mont-de-Marsan

Auch
Toulouse

Montpellier

PROVENCE-ALPES-CÔTE-D'AZUR

Cannes

Bayonne
Pau

MIDI - PYRÉNÉES

LANGUEDOC-ROUSSILLON

Marseille

Toulon

Tarbes
Foix
Carcassonne

Bastia

Perpignan
Port-Bou

CORSE

Ajaccio

Bonifacio

2

프랑스 공화국

프랑스 대혁명과 문화

▌01 비옥한 땅과 3면의 바다

▌02 프랑스 대혁명의 전개과정

▌03 세계의 문화수도 파리

　　빛의 도시 파리

　　신도시 라데팡스

▌04 프랑스의 도시

　　북부: 칼레

　　중부: 보르도, 샤모니

　　남부: 아를, 마르세유, 칸, 소피아 앙티폴리스, 니스

▌05 모나코 공국

북해

영국해협

파리

스트라스브르

낭트

모르방산맥

보주산맥

쥐라산맥

대서양

중앙고원

보르도

알프스산맥

코르시카

피레네산맥

마르세유

지중해

7000
5000
4000
2500
1500
m
500
50
0

km
0   100   200

그림 1 프랑스 지리

01 비옥한 땅과 3면의 바다

프랑스 공화국은 보통 프랑스라고 말한다. 불어로 République française 라 한다. 영어로 French Republic으로 요약해서 France라 한다. 643,801km² 면적에 65,273,511명이 산다. 국토 모양은 6각형 형태이고 대각선이 1,000km 정도다. 국토의 서쪽은 대서양, 남쪽은 지중해, 북쪽은 북해로, 국토의 3면이 바다에 닿아있다. 프랑스는 유럽 국가들과 인접해 있다. 이탈리아, 스위스, 독일, 룩셈부르크, 벨기에, 스페인, 모나코와 육지로 접해 있다. 영국해협 건너 영국과 맞닿아 있다.그림1

이러한 지리적 위치로 프랑스는 유럽 문명의 십자로라는 평을 듣고 있다. 일부 프랑스 사람들은 유럽의 북쪽에서 남쪽으로, 동쪽에서 서쪽으로 갈 때, 프랑스를 거쳐야 하기에 프랑스는 유럽의 중심이라고 설명한다. 그리고 유럽은 세계의 중심이므로 프랑스는 세계의 중심이라고 주장한다.

프랑스의 지리적 국토 개방성은 일찍부터 여러 인종이 들어올 수 있는 여건을 만들었다. 프랑스인 주류는 갈리아인(골족)의 켈트족, 프랑크인의 게르만족, 로마인의 라틴족 등의 후예다. 갈리아는 로마제국이 관장하던 프랑스 지역을 말한다. 2012년의 경우 프랑스로 들어오는 이민자들은 다양했다. 프랑스 전체 이민자 수의 각 3%를 넘긴 나라는 유럽의 포르투갈, 영국, 스페인, 이탈리아, 독일, 루마니아, 벨기에, 북부 아프리카의 알제리, 모로코, 튀니지, 중국 등이다. 프랑스 이민자 수는 6백만 명으로 전체인구의 9.2%다. 전 세계적으로 277백만 명이 불어(French language)를 사용한다. 세계에서 5번째로 널리 사용되는 국제어다. 과거 프랑스 식민지였던 곳에서 많이 쓰인다.

프랑스 기후는 다양하다. 북부는 멕시코 만 난류가 흘러 겨울에 상대적으로 온난하다. 남부는 지중해성 기후를 보이며 비가 자주 오지 않는다. 동부는 중부유럽의 영향으로 겨울엔 춥고 눈이 오며 여름엔 건조하고 따뜻하다.

국토의 평균 고도는 342m다. 국토의 6할이 평균고도 250m 이하다. 대체로 국토가 비옥하고 평탄하여 농산물 생산이 용이하다. 대서양, 북해, 지중해의 3면이 바다여서 수산물이 풍부하다.그림1 넉넉한 농수산물 생산으로 프랑스는 유럽 최대의 농업 국가가 되었다. 농업은 19세기 이래 소농경영을 근간으로 해왔다. 최근에 이르러 기계화된 대규모 농업경영으로 고도화되었다. 프랑스는 EU 국가별 농작면적 비율면에서 17%를 차지하여 1위다. 주요 식량은 자급자족하고, EU 여러 나라에 농산물을 공급한다. 포도주 생산은 세계적이다. 보르도는 2016년에 새로운 와인박물관을 지었다. 국토의 25%가 목초지로 축산업이 활발하고, 삼림도 울창하다. 수산물은 대구·연어·굴 등이 풍부하다.

비옥한 땅, 풍부한 해산물, 다양한 인종 구성은 자연히 좋은 재료를 맛있게 요리해서 잘 먹는 음식문화를 만들었다. 오늘날 프랑스의 음식문화는 세계적이다. 특히 1589년에 즉위한 앙리 4세는 "하나님께서 허락하신다면 나는 왕국의 모든 국민들로 하여금 일요일이면 닭고기를 먹게 하겠다."고 말했다. 430년 된 그의 닭요리법 <냄비에 암탉(poule au pot)>은 오늘날까지 활용된다. 닭은 프랑스의 상징이다. 카렘(Carême)은 프랑스 대혁명 이후 다양한 요리 레시피를 제공해 프랑스 요리를 세계적으로 알렸다.

　2021년 프랑스의 1인당 GDP는 44,995달러다. 프랑스의 노벨수상자는 총 70명이다. 프랑스 전력 사용량의 7할 이상을 원자력 발전으로 충당한다. 자동차 · 항공기 · 초고속전철 · 전자공업 등의 제조업과 향수 · 의류 · 패션 등 문화 산업은 세계적이다. 푸조(Peugeot 1896) 르노(Renault 1899) 시트로엥 (Citroën 1919) 등이 창업한 지 100년 이상 된 프랑스 자동차다. 프랑스 공학 분야의 인재는 1794년에 세워진 그랑제콜 에콜 폴리테크니크(École Polytech-nique) 등에서 배출한다. 그림 2

그림 2 에콜 폴리테크니크 로고와 유니폼 입은 재학생

02 프랑스 대혁명의 전개과정

프랑스 대혁명은 프랑스뿐만 아니라 세계 정치사회 변혁의 물꼬를 튼 큰 움직임이었다. 혁명은 갑자기 터지지 않는다. 물이 끓어올라 넘쳐 흐를 때 폭발한다. 프랑스 사회는 어디서부터 끓기 시작하다가 터졌을까?

프랑스 왕국은 843년 베르됭(Verdun) 조약으로 출발했다. 496년 클로비스 1세 때부터 가톨릭은 프랑스의 정신적 버팀목이었다. 800년경 샤를마뉴 때 가톨릭의 틀이 정착됐다. 프랑스 가톨릭교회는 교회의 장녀(長女)라고도 불렸다.

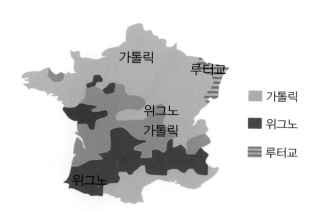

그림 3 **장 칼뱅과 16세기 프랑스 종교 분포**

그림 4 **성 바르톨로메오 축일의 학살**

　그러나 개신교인 위그노(Huguenot)가 등장하면서 프랑스는 가톨릭과 위그노 두 세력으로 양분되어 첨예하게 대립했다. 위그노는 "부지런히 일해서 번 돈은 오히려 하나님의 축복일 수 있다."는 청부(清富)론의 칼뱅(Calvin) 신학을 믿는 프랑스 개신교를 말한다. 성직자, 귀족 등은 가톨릭을 믿는 사람이 다수였다. 부르주아 의사, 법률가, 상공인 등에 위그노가 많았다. 16세기 프랑스는 위그노와 가톨릭 신자가 혼재해 있었다.그림 3

　양 세력은 1572년 8월 24일 파리 시테섬의 노트르담 성당 앞뜰에서 격돌했다. 성당은 영어로 Our Lady of Paris라 한다. 이 날은 성 바르톨로메오(St. Bartholomew) 축일이었다. 1345년에 완공된 노트르담 성당은 성모 마리아의 뜻을 담고 있는 로마가톨릭 성당이다. 그날은 가톨릭의 마르그리트

(Marguerite) 공주와 위그노의 앙리 드 나바르(Navarre)와의 결혼식이었다. 그날 가톨릭 교도인 샤를 9세는 모후 캐서린의 명을 받아 위그노들을 죽이라고 명령했다. 바르톨로메오의 학살이 터진 것이다.그림 4 학살은 전국에 걸쳐 상당 기간 동안 자행됐다. 광기의 흐름은 1594년 신랑이었던 나바르가 앙리 4세로 등극하여 부르봉(Bourbon) 왕조를 열면서 진정됐다. 그는 화평을 위해 개신교에서 가톨릭으로 개종했다. 그 대신 1598년 낭트 칙령을 공포하여 위그노에게도 신앙의 자유를 허락했다. 가톨릭과 개신교의 종교전쟁을 끝낸 것이다.그림 5

그림 5 **낭트 칙령과 퐁텐블로 칙령**

그러나 1백여 년간의 평화시대는 루이 14세가 등장하면서 무너졌다. 1685년 루이 14세는 퐁텐블로 칙령을 반포해 위그노를 탄압했다.그림 5 낭트 칙령은 폐지됐다. 위그노들 특히 상공인과 기술자들은 해외로 탈출했다. 그 수가 20만 명에서 90만 명으로 추정되었다. 자본과 기술을 가진 인력이 해외로 빠져 나가면서 프랑스의 경제와 산업은 치명타를 입었다. 이는 프랑스 대혁명의 원인이 되었다. 위그노들은 네덜란드, 스위스, 프로이센, 영국, 미국 등으로 갔다. 이들이 이주한 국가에서는 이들에 의해 내실 있는 산업화가 진행되었다. 오늘날 프랑스 가톨릭 신자 비율은 전체 인구의 63-66%다.

1637년 르네 데카르트(Rene Descartes)는 『방법서설』을 냈다. 그는 이 책에서 "나는 생각한다. 고로 존재한다(Cogito ergo sum)."고 주장했다. 인간에게는 사유능력이 있다고 천명한 것이다. 데카르트의 논리는 프랑스 계몽주의의 원동력이 되었다. 1762년 루소(Rousseau)는 『에밀』을 저술했다. 그는 "자연으로 돌아가라."고 외쳤다. 인간의 천부적 자연권리를 강조한 것이다. 볼테르, 몽테스키외 등이 계몽사상을 폈다. 이들은 지배계급의 억압은 하늘이 정한 것이 아니기 때문에 시민들이 저항을 통해 개혁할 수 있다고 주장했다. 시민들은 계몽사상으로 큰 깨달음을 얻었다. 프랑스 혁명의 사상적 원동력을 제공받은 것이다.

프랑스에서는 핵심 계층이 거주하는 성곽을 부르(bourg)라고 했다. 성곽 내에서는 의사, 법률가, 상공인 등이 살았다. 이들을 부르주아지(bourgeoisie)라 불렀다. 성곽 밖에는 농민, 노동자 등이 거주했다. 부르주아지들은 종교나 계몽사상에 크게 영향을 받았다. 이들은 프랑스 사회 내에서 일정한 목소리를 내고자 원했다.

1678년 이후 프랑스 왕족은 루이 14세부터 루이 15세, 루이 16세에 이르기까지 화려한 베르사유 궁전 생활을 이어갔다. 1700년대 프랑스는 3개의 신분이 있었다. 제1신분은 성직자였다. 제2신분은 귀족이었다. 제3신분은 의사·법률가·부유한 상공인 등의 부르주아지와 농민, 노동자 등이었다. 성직자와 귀족은 많은 땅을 가지고 있으면서도 세금을 내지 않고 높은 관직을 독점했다. 이에 반해 인구의 98%인 약 2,500만 명의 제3신분은 무거운 세금을 내면서도 정작 정치참여가 금지되었다. 자기들의 권리를 주장하지 못한 것이다. 제 3신분은 분노했다. 특히 부르주아지는 국민들의 권리를 중요시한 계몽주의 사상에 공감한 상태였다. 또한 영국 국왕에 대항해 독립전쟁을 쟁취한 미국을 보고 크게 고무되었다. 부르주아지들은 잘못된 구제도인 앙시앵 레짐(ancien régime)를 타파해 자유와 평등을 추구하고자 했다.

　루이 16세는 격앙되고 있는 사회적 분위기에 아랑곳하지 않았다. 더욱이 미국 독립전쟁 지원 등으로 재정이 파탄나려는 상황이 되었다. 다급해진 왕은 귀족들도 세금을 내야 한다고 제안했다. 귀족들은 당연히 반발했다. 1789년 5월 5일 루이 16세는 성직자, 귀족, 평민 등 삼부회(Estates Gensral)를 소집했다. 자기의 뜻을 관철하려 했으나 투표방식을 놓고 대립했다. 왕은 평민대표들이 투표하지 못하도록 한 것이다. 삼부회의에 참여한 평민대표들은 왕의 처사에 반발했다. 같은 해 6월 20일 평민대표들은 별도로 테니스 코트(Tennis Court Oath)에 모여 국민의회(National Assembly)를 결성했다. 이런 가운데 왕당파가 무력으로 국민의회를 해산시키려 한다는 소식이 전해졌다. 시민들은 분노했다. 무장하여 투쟁할 수밖에 없다고 판단했다. 1789년 7월 14일 시민들은 무기고가 있는 바스티유 감옥을 습격했다.그림 6 혁명의 불이 타오른 것이다. 파리를 점령한 국민의회는 1789년 8월 26일 프랑스 인권선언을 선포했다. 프랑스 인권선언에서 자유·평등·박애 정신을 천명했다. 프

그림 6 **바스티유 감옥 습격**

랑스 인권선언은『인간과 시민의 권리선언』의 명칭으로 공표됐다. 라파예트 등이 미국독립선언문을 참작하여 만들었다. 전문이 17개 조문이다. 인간의 자유·평등권, 저항권, 주권재민, 언론과 사상의 자유, 소유권의 불가침 등 자유민주주의 근간을 밝혔다.그림 7

　　그러나 루이 16세 국왕은 국민의회 선언을 인정하지 않았다. 이런 가운데 정치적인 혼란과 흉작으로 물가가 크게 올라 생활이 극도로 어려워졌다. 급기야 1789년 10월 5일 7천여 명의 파리 여성들이 일어났다. 그녀들은 무기를 들고 베르사유 궁전으로 행진(Women's March on Versailles)했다. 왕은 생존권을 요구하는 그녀들에게 굴복하고 프랑스 인권선언을 인정했다. 그녀들은 파리 튈르리(Tuileries) 궁전에 왕과 가족을 유폐시켰다. 혁명은 거침없이 전개되었다.

그림 7 프랑스 인권선언과 삼색기

　　1791년 6월 신변에 위협을 느낀 루이 16세 일가가 파리를 탈출하다가 실패한 바렌느(Varennes) 사건이 터졌다. 파리에서 252.4km 떨어진 바렌느에서 시민들에 의해 발각된 것이다. 시민들은 국민을 버리고 자기들만 살겠다고 도망가는 왕에게 크게 실망했다. 왕은 다시 튈르리 궁전에 유폐되었다. 1792년 8월 10일 파리 시민 일부가 왕의 거처 튈르리 궁을 습격했다.

　　1791년 9월 평민도 세금을 내면 선거권을 가질 수 있게 하는 새로운 프랑스헌법(French Constitution)이 제정되었고 10월에는 입법의회가 구성됐다. 라파예트의 제안으로 오늘날 프랑스 국기인 삼색기가 혁명의 깃발이 되었다. 1794년 2월 15일 삼색기(La Tricolore)가 정식으로 채택되었다. 파랑색은 자유를, 하얀색은 평등을, 빨강색은 박애를 뜻했다.

　　정정(政情)이 왕정회의론으로 급변했다. 주변 왕조 국가들은 큰 위기를 느꼈다. 오스트리아, 프로이센 등 왕조국가들은 동맹을 만들어 프랑스와의 전쟁을 선포했다. 프랑스 시민들은 민족주의 명분 아래 뭉쳤다. 지방에서 많은 의용군이 국가를 위해 싸우겠다고 자원했다. 남부 도시 마르세유 의용군들은 행진곡 『라 마르세예즈 *La Marseillaise*』를 부르면서 파리로 진격해왔다. 이 행진곡은 공병대위 릴(Lisle)이 작곡하고 작사한 군가다. 1792년 4월 26일 그는 프랑스가 오스트리아에 선전포고했다는 소식을 들으면서 스트라스부르에 도착했다. 마음에 큰 감동이 일어 행진곡을 만든 것이다. 『라 마르세예즈』는 1795년 프랑스 국가(國歌)가 되었다. 1792년 9월 20일 프랑스 의용군은 발미전투에서 프로이센을 격파했다.

1792년 9월 20일 입법의회가 해산됐다. 모든 남자가 선거할 수 있는 보통선거로 국민공회(National Convention 1792-1795)가 구성되었다. 1792년 9월 21일 프랑스 제1공화국(First Republic 1792-1804)이 수립됐다. 공화국은 혁명재판을 통해 루이 16세를 사형시키기로 했다. 1793년 1월 21일 현재의 콩코드 광장인 혁명광장에서 루이 16세가 단두대에서 처형됐다. 10월에 아내 마리 앙투아네트도 처형됐다. 왕은 39세에 왕비는 38세 나이로 생을 마감했다.

그림 8 **로베스피에르와 테르미도르 반동**

그러나 정정은 불안했다. 1793년 6월 자코뱅당의 로베스피에르(Robespi-erre)가 등장했다. 그는 농민의 세금 부담을 없애는 등 개혁을 단행했다. 그러나 혁명에 반대하는 사람들을 단두대에서 무자비하게 처형하는 공포정치를 자행했다. 국민들의 지지를 잃었다. 1794년 7월 27일 공포정치에 반대하는 국민공회 세력은 로베스피에르와 그의 세력을 체포했다. 이들은 로베스피에르 등에게 유죄를 선고하고 다음 날 단두대에서 이들을 처형했다. 이를 테르미도르 반동이라 했다.그림 8 대체로 1789년 7월 14일에 거행된 바스티유 감옥 습격부터 1794년 7월 27일 자행된 테르미도르 반동까지의 5년간을 프랑스대혁명 기간으로 평가한다.

1795년 5명의 총재가 다스리는 총재정부(Directory)가 수립됐다. 그러나 총재정부는 당시의 경제·사회적 혼란을 제대로 수습하지 못해 민심을 잃었다. 1799년 11월 18일 코르시카 출신 나폴레옹 보나파르트(Napoléon Bonaparte)가 브뤼메르 쿠데타를 일으켰다. 그는 이집트와 이탈리아 원정에서 국민들의 지지를 얻었다. 나폴레옹은 총재정부를 전복시키고 통령정부(Consulat)를 수립하여 제1통령의 자리에 올랐다. 프랑스 혁명으로 탄생한 프랑스 제1공화국은 나폴레옹에 의해 단명으로 막을 내렸다.

나폴레옹은 국민투표를 거쳐 1804년 12월 2일 프랑스 제국의 초대황제인 나폴레옹1세로 즉위했다. 그리고 조세핀을 왕비로 임명했다. 1800년부터 10여 년 동안 나폴레옹은 프랑스 제국을 이끌면서 나폴레옹 전쟁을 주도했다. 유럽의 모든 강대국이 이 전쟁에 휘말렸다. 프랑스는 연전연승하여 유럽의 지배적 위치를 점유하게 되었다. 그러나 1812년 러시아 원정에서 실패했다. 1813년 라이프치히에서 대(對) 프랑스 동맹군에게 패배했다. 1814년 동맹군은 파리로 입성하여 나폴레옹을 실각시킨 후 엘바 섬으로 유배시켰다. 그는 엘바 섬에서 탈출해 권력을 다시 잡았지만, 1815년 워털루 전투에서 대패했다. 같은 해 나폴레옹은 영국에 의해 구속되어 남대서양의 세인트헬레나 섬에 유폐되었다. 그는 6년간 유폐생활을 하다가 1821년 52세의 나이로 병사했다. 나폴레옹은 군사전략에서 뛰어났으며, 법에 의한 통치를 강조했다. 그가 유럽 대부분을 지배하면서 퍼트린 법치주의, 능력주의, 시민평등사상은 근대 사회 형성에 의미 있는 영향을 준 것으로 평가되었다.

1814년 나폴레옹 1세의 실각으로 제1제정이 끝났다. 부르봉 왕가가 다시 복귀했다. 그러나 실정으로 국민들의 지지를 받지 못했다. 시민들은 1848년 2월 또다시 혁명을 일으켜 공화정으로 회귀했다. 제2공화정의 대통령(1848-1852)으로 당선된 루이 나폴레옹은 쿠데타를 감행해 나폴레옹 3세(1852-1870)로 취임했다. 그는 제2제정을 열어 보불전쟁(1870-1871)을 치뤘다. 그러나 전쟁에서 포로로 잡히면서 패했고 몰락했다.그림 9

그림 9 보불전쟁의 나폴레옹 3세와 비스마르크

1871년 3월 18일 사회주의자들과 노동자들이 무장봉기를 일으켜 최초의 사회주의 자치정부라 불리는 파리 코뮌을 수립했다. 그러나 5월 28일 정규군에 의해 진압되었다. 1870년 제3공화국이 수립되었다. 1914년 8월 독일이 프랑스에 선전포고하면서 제1차 세계대전이 일어났다. 1917년 미국이 참전하면서 전쟁은 종료되었다. 1919년 베르사유 조약이 체결되어 패전국 독일은 책임을 지게 되었다. 그러나 1939년 9월 1일 독일은 제2차 세계대전을 터트렸다. 독일은 제2차 세계대전에서도 져 패전국으로 전락했다. 전후 1946년 10월 프랑스는 제4공화정을 출범시켰다. 1959년 1월 전쟁 영웅 샤를 드골이 대통령에 취임하면서 제5공화국이 열렸다. 1968년 5월 학생 시위로 축발된 움직임이 혁명으로 발전하여 드골 정권이 무너졌다. 1959년 이후 현재까지 프랑스는 제5공화국이 유지되고 있다.

　프랑스대혁명은 시민들의 삶의 양식(genre de vie)에 어떤 영향을 미쳤나? 크게 네 가지로 정리할 수 있다. 첫째로 자유 · 평등 · 박애를 선언하여 근대 시민정신의 방향을 제시했다. 둘째로 농업의 자본주의적 토대가 마련되었다. 새로운 시민계급인 의사, 법률가, 상공인 등의 부르주아지가 등장했다. 셋째로 문화적 유연성과 다양성이 이뤄졌다. 종교적 틀에 얽매이지 않고 유연하며 다양성 있는 계몽사상과 자유주의 이념이 제창되었다. 넷째로 도시는 보통시민들도 들어와서 살 수 있는 삶의 터전으로 변화되었다. 왕족, 성직자, 귀족 등 종래의 고위신분계층이 주로 점유했던 도시는 의사, 법률가, 상공인 등 부르주아지들에게도 개방되었다.

그림 10 **일드프랑스**

03 세계의 문화수도 파리

빛의 도시 파리 Ville lumière Paris

프랑스 대부분의 역사는 파리 중심으로 전개되었다. 그러기에 프랑스는 파리와 나머지 지역이라는 말이 나올 정도다. 파리는 프랑스와 세계의 문화 중심지다. 꽃의 도시(floral city)라고 불린다. 프랑스 사람들은 파리를 빛의 도시(Ville lumière)라 한다.

파리(Paris)는 프랑스의 수도다. 105.4km² 면적에 2,148,000명이 산다. 파리 대개조가 진행된 1860년 시 영역이 확대되었다. 1978년 프랑스는 지역권 개념인 레지옹(région)으로 나누었다. 파리는 일 드 프랑스 레지옹의 중심 도시가 되었다. 우리나라 수도권 가운데에 있는 서울에 비유된다. 일 드 프랑스 레지옹은 중심도시 파리와 위성도시로 구성되어 있다. 2020년 Île de France 레지옹의 면적은 12,012km²이다. 인구는 12,278,210명이다. 이는 2020년 기준 프랑스 전체인구 65,273,511명의 18.8%에 해당한다.그림 10 파리의 지형은 비교적 평탄하다. 가장 낮은 곳이 해발 35m다. 가장 높은 곳이 130m의 몽마르트 언덕이다. 날씨는 서안해양성 기후에 속하고 북대서양 난류의 영향으로 고위도에 비해서 온난하다.

BC 2세기경 골 부족인 파리시(Parisii) 족이 살던 센 강의 시테(Cité) 섬에 주거지가 있었다. 로마인들은 이를 루테시아 파리시오룸(Lutetia Parisiorum)이라

했다. 파리의 기원이다. 파리라는 명칭은 파리시 족에서 유래했다. 989년 파리 백작 위그 카페가 왕이 되면서 파리는 프랑스 왕국의 수도가 되었다.

루이 14세가 베르사유 궁전으로 옮긴 1682년부터 베르사유가 사실상의 정치수도가 되었다. 그러나 1789년 프랑스혁명 때 파리는 다시 정치 중심지가 되었다. 베르사유의 루이 16세가 다시 파리 튈르리 궁전으로 왔기 때문이다. 프랑스 혁명과 파리 코뮌 등의 정치가 파리에서 이뤄졌다. 1837년 이후 파리에서 각처로 철도 노선이 세워졌다.

파리 남서쪽 20km 지점에 베르사유 궁전(Château de Versailles)이 있다. 1624년부터 지어졌다. 1682년부터 1789년까지 약 1세기 동안 프랑스 앙시앵 레짐의 정치중심지였다. 루이 14세가 절대왕정을 확립하기 위해 귀족들의 주거지를 베르사유로 옮기도록 해 베르사유가 번성했다. 그러나 프랑스 혁명으로 루이 16세가 처형되면서 베르사유의 프랑스 왕조역사는 막을 내렸다.그림11 1678년에 지은 거울의 방을 포함한 궁전은 바로크 건축양식이다.그림12

그림 11 **베르사유 궁전**

그림 12 **베르사유 궁전 거울의 방**

보불전쟁에서 프로이센이 프랑스를 이겼다. 프로이센 빌헬름 1세는 베르사유 궁전 거울의 방에서 독일 황제로 즉위했다. 1919년 거울의 방에서 제1차 세계대전을 정리하는 종전 강화회의가 열렸다. 이 회의에서 독일에 큰 부담을 주는 베르사유 체제가 만들어졌다.

센(Seine) 강 좌안의 라탱 지구(Latin Quarter)에 대학, 그랑제콜, 연구소 등 교육 기능이 있다. 이곳에서 1257년 소르본느(Sorbonne) 대학이, 1794년에 파리고등사범학교(École normale supérieure)가 시작되었다. 우안에서는 정부기관, 상업 시설 등 정치·경제 기능이 발달했다.

파리에는 3개의 개선문이 있다. 제1개선문은 루브르 박물관에서 튈르리 광장 가는 길에 있는 카루젤(Carrousel) 개선문이다. 1809년 나폴레옹이 프랑스 제국을 위해 열심히 싸워준 대군(Grande Armée)에게 영광을 돌리려고 세웠다. 파리를 유럽의 수도로 만들려는 의도도 있었다.그림 13

　제2개선문은 에투알(Arc de Triomphe l'Étoile) 개선문이다. 1805년 나폴레옹은 <아우스터리츠 전투>에서 러시아와 오스트리아 연합군을 무찔렀다. 세 나라의 황제가 참여한 전투여서 <3황제 회전>이라고도 부른다. 1806년 나폴레옹은 이를 기념하기 위해 제2개선문을 만들었다. 1836년에 완공되었다. 나폴레옹은 제2개선문이 완공되기 전에 사망했다. 1840년 나폴레옹이 파리로 이장될 때 이 문을 지나갔다. 로마 티투스 황제의 개선문을 본떠 만들었다. 로마 시대에 개선문 아래로 행진하는 자는 영웅뿐이었다. 나치독일의 히틀러는 파리를 점령하고 전차를 탄 채 이곳을 지났다. 그리고 4년간의 독일 지배에서 벗어난 1944년 8월 26일에 샤를 드 골 장군이 자유 프랑스군을 이끌고 개선문 아래로 행진했다.그림 14 1948년 8월 29일에는 미군이

그림 13 **카루젤 개선문**

파리 해방을 기념하려고 개
선문이 있는 샹젤리제 거리
를 행진했다. 개선문 아래에
는 제1차 세계대전 때 산화
한 <무명용사의 무덤>이 있
다. 독일인 레마르크는『개
선문』이라는 자전적 소설을
발표했다. 제2차 세계대전
동안 파리에서 겪는 한 망명
객의 불안과 절망을 그렸다.

그림 14 **자유 프랑스군의 에투알 개선문 승전 행진**

제3개선문은 프랑스혁명
200주년이 되는 1989년 7월
14일에 세운 라데팡스의 라 그랑드 아르슈다.

샤를 드 골 광장의 제2개선문을 중심으로 12개 도로가 방사상 형태로 뻗
어 있다.그림 15 그중 하나가 샹젤리제 거리다. 튈르리 정원에서 센 강에 이르
는 길이다. 17세기 메디시스 왕비 때 조성됐다. 여왕이 혼자서 걸을 수 있
던 길이라 <여왕의 산책로>라 불린다. 거리 양쪽으로 플라타너스 가로수가
있다. 고급 의상실과 외교 관저 등이 샹젤리제와 연접해 있는 몽테뉴 거리
까지 들어서 있다. 프랑스 3대 자동차 브랜드인 르노, 푸조, 시트로엥과 벤
츠 등 타국 자동차들이 전시되어 있다. 샹젤리제 거리는 명실상부한 파리
최대의 번화가다.그림 16

1790년에 완공된 팡테옹은 프랑스 위인들이 안장된 국립묘지다. 라텡지
구에 있다. 위인들의 영면장소와 도시의 랜드마크 면에서 영국의 웨스트

그림 15 **샤를 드 골 광장의 에투알 개선문과 방사형 도로**

민스터 사원에 비유된다. 수플로가 건축했다. 엘리제 궁전(Palais de l'Élysée)은 1870년 이후 프랑스 대통령의 공식 관저이고 대통령 집무실이 있다.

미술작품의 경우 1848년 이전 작품은 루브르 박물관에서, 1848년부터 1914년까지는 오르세 미술관에서, 1914년 이후는 퐁피두센터에서 전시한다.

국립박물관인 루브르 박물관은 리볼리가에 있다. 리볼리 가는 파리 중심가다. 1977년에는 박물관의 부족한 공간을 보완하기 위해 중국계 미국인 이오 밍 페이가 설계한 피라미드 조형물이 박물관 앞에 세워졌다. 루브르 박물관은 대영박물관과 어깨를 겨룬다. 루브르 궁전은 12세기 후반 요새로 출발하여 수차례에 걸쳐 확장 공사를 해 궁으로 만들었다. 박물관으로서의 루브르 궁전은 1793년 회화를 전시하며 첫 문을 열었다. 1798년 나폴레옹 시절 로제타석이 해석되면서 루브르 박물관에 이집트 유물관이 조성됐다. 루브르 박물관 미술품은『아비뇽 피에타』,『나폴레옹 황제의 대관식』,『민중을 이끄는 자유의 여신』등의 프랑스 작품이 있다. 레오나르도 다 빈치의 『모나리자』, 밀로의『비너스』, 라파엘의『성(聖) 모자상 *La Belle Jardinière*』등의 외국작품이 있다.그림 17

그림 16 **샹젤리제 거리**

1986년 센 강 옆의 철도역을 미술관으로 바꿔 오르세 미술관을 개관했다. 이곳에는 쿠르베, 밀레, 마네 등 프랑스 화가와 뭉크, 고흐, 고갱 등 외국작가의 작품이 있다.

1977년에 준공한 퐁피두센터는 하이테크 건축물로 만든 국립미술관이다. 리차드 로저스와 렌초 피아노가 합작 설계했다. 당시 대통령 조르주 퐁피두의 이름을 사용했다. MoMA(뉴욕 현대미술관)와 쌍벽을 이루는 미술관이다. 피카소, 칸딘스키, 마티스, 샤갈, 미로의 걸작과 설치미술, 비디오 아트 등이 전시되어 있다.

빅토르 위고의 『레미제라블 *Les Misérables*』(1862년)은 1832년 6월 항쟁의 파리를 배경으로 쓰여졌다. 파리의 좁은 골목과 더러운 하수구가 그려져 있다. 악취 나는 하수구는 전염병의 온상이었다. 지류 비브레 강에 버린 쓰레기가 거침없이 센 강에 흘러들었다. 1848년 혁명 때인 1830-1848년 사이에 무장 봉기가 무려 7차례나 터졌다. 파리의 좁은 골목에는 바리게이트를 두고 양측의 공방이 벌어졌다.

그림 17 **루브르박물관**

　도로 위에 있는 바리게이트와 돌 등을 제거하여 대치국면을 없애고 도시를 평상시처럼 돌려놓는 방법은 무엇일까? 그것은 지상의 도시구조물을 모두 지하에 넣으면 된다. 이를 실현한 사람이 나폴레옹 3세다. 그는 오스망(Baron Haussmann)을 파리 관리자로 임명하고 파리를 뜯어 고치도록 위임했다. 1853년부터 1870년까지 17년간 오스망은 파리를 개조했다.그림 18 기차역과 주요 광장을 직선으로 연결하는 대로를 만들었다. 노트르담 성당 등의 역사적 건물은 개보수했고, 샹젤리제 거리를 정비했다. 파리 오페라극장을 세웠으며, 크고 작은 녹지를 조성했다. 새로운 주택과 각종 공공문화시설을 건축했고, 상수도망과 하수도망을 지하에 묻었다. 파리 오페라 극장(Opera House)은 파리개조의 상징으로 1875년에 완성했다.그림 19

　파리개조에 발맞추어 파리는 세계적인 도시로 발돋움했다. 1855년 이후 파리에서 여러 차례 만국박람회가 개최되었다. 1889년 파리박람회에 맞춰 프랑스대혁명 100주년을 기념해 에펠탑이 건설됐다. 1900년대 전반기에 파리는 세계적인 예술가들이 예술할 수 있는 매력적인 도시로 주목받았다. 제2차 세계대전 때 파리는 나치의 침공을 받았으나, 1944년 8월 15일 연합군과 자유 프랑스군에 의해 수복되었다. 1945년 이후 파리 대도시권이 형성되어 도시규모가 커졌다.

파리는 1989년 유럽 문화 수도로 선정됐다. 오늘날 파리는 다민족·다인종 도시로 변화되면서 프랑스와 세계의 경제 중심지로 변화되고 있다. 일 드 프랑스 파리 대도시권은 프랑스 GDP의 30%를 점유한다. 서양 도시 가운데 파리에는 세계 500대 기업의 본사가 가장 많이 자리잡고 있다.

파리에서는 거의 모든 장르의 문화행사가 펼쳐진다. 파리 콜렉션인 오트쿠튀르·프레타포르테, 에스코피에 영 셰프 요리대회 등은 패션과 요리의 이정표를 제시해 주는 행사다. 세계적으로 알리고 싶은 문화예술행사는 파리를 택한다. 한국의 싸이와 BTS의 파리공연이 그 예다. 미국 팝가수 비욘세와 제이 지는 루브르박물관에서 뮤직비디오를 찍었다. 파리는 예술도시로서의 문화적 영향력으로 많은 사람들을 매혹시킨다. 역사적인 건축물, 수많은 미술품, 패션과 음식 등 파리에 관한 대부분 생활양식에 프랑스 문화의 특성이 녹아 있다.

그림 18 **나폴레옹 3세와 조르주 외젠 오스망**

그림 19 **파리 오페라 극장**

　　에펠탑(Tour Eiffel)은 건축가 에펠(Alexandre Gustave Eiffel)이 만들었다. 철골구조탑이고 1889년에 개관했다. 탑 건축가의 이름을 따서 에펠탑이라고 명명했다.그림 20

　　에펠탑은 1870년 보불전쟁에서 독일에게 패한 치욕을 씻어내고, 프랑스혁명 100주년을 기념하기 위해 기획되었다. 1889년 개최된 파리 만국박람회의 출입 관문으로 활용되었다. 1900년 파리박람회 때 파리 지하철이 개통되었다. 영국이 만국박람회 때 썼던 수정궁에 견주려 했다. 1887년 1월 28일 건축 계약을 해 2년 뒤인 1889년 3월 15일에 꼭대기(cupola)를 올렸다. 탑의 높이는 안테나를 포함해 전체 높이가 324m다. 강풍이 불면 6-7cm 가량 흔들린다. 탑에는 3개의 전망대가 있다. 제1전망대는 57m 높이에 있고 에펠탑 역사가 전시되어 있다. 제2전망대는 115m 높이에 있으며 망원경으로 파리를 내려다볼 수 있다. 제3전망대(upper stage)는 지상 276m 높이에 있고 파리를 360도로 관찰할 수 있다. 에펠탑은 지을 때 20년간 사용한 후 해

체할 예정이었다. 그러나 송신탑으로의 활용성이 인정되어 라디오 TV 방송용으로 쓰고 있다.그림 21, 37

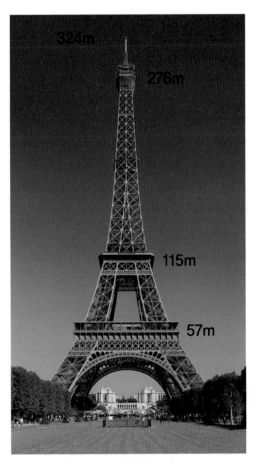

324m

276m

115m

57m

그림 20 **에펠과 에펠탑**

GUSTAVE EIFFEL (1855)

그림 21 **에펠탑 건설과정 1888.3.20(1층) 8.21(2층) 12.26(upper stage) 1889.3.15(cupola)**

　　탑 건축 후에 지식인들은 문화도시 파리와 어울리지 않는 철골 덩어리라며 비난했다. 대표적 인물이 소설가 모파상(Maupassan)이다. 그는 에펠탑이 보기 싫어 탑이 보이지 않는 탑 내의 레스토랑에서 밥을 먹었다는 일화가 있다. 그리고 그는 탑이 안 보이는 집에서 살았다. 탑 근처 몽소 공원에는 에펠탑과 등을 돌린 모파상의 동상이 세워져 있다. 제2차 세계대전 때 히틀러는 파리파괴를 지시했다. 그러나 독일사령관 콜티츠가 이를 거부해 파리는 무사했다. 제2차 세계대전 때인 1940년 파리에 온 히틀러는 에펠탑 앞에서 기념사진을 찍었다. 일본은 에펠탑을 모방하여 도쿄타워를 만들었다.

　　에펠탑은 처음에 파리 시민들에게 비판을 받았다. 그러나 시민들과 2차 세계대전을 함께 겪으며 동고동락하면서 시민들에게 사랑을 받게 되었다.

이러한 에펠탑의 상황에 빗대어 에펠탑 효과라는 심리학 용어가 생겼다. 특정 대상에 대한 인식이 없더라도 대상에 노출되고 대상과 오랫동안 지내면 좋아진다는 논지다.그림 22 에펠탑은 건축한 후 200여 년 동안 파리와 프랑스를 대표하는 랜드마크가 되었다. 세계적 도시 브랜드이기도 하다. 에펠탑 방문자는 매년 7백만 명 정도다. 이 가운데 외국인이 75%이다.

그림 22 **에펠탑 효과**

신도시 라데팡스 Newtown La Défense

파리 시내 지하는 상당 규모의 연성 석회암으로 되어 있다. 파리 시내에 엄청난 중량의 고층건물을 지으면 연한 지반으로 문제가 생길 수 있다. 라데팡스(La Défense)는 이런 문제를 해결하기 위해 세운 파리의 부도심격인 신도시다. 1957년부터 개발을 시작하여 50여 년이 지난 2007년 무렵까지 진행됐다. 1.6km²의 라데팡스에는 25,000명이 산다. 파리 중심가에서 라데팡스까지는 8km다. 행정구역은 파리가 아닌 쿠르브부아, 쀼토, 뇌이쉬르센에 속한다. 센 강변에 있다.

라데팡스는 파리 역사축(Paris Axe Historique) 상에 세워졌다. 파리 역사축은 라데팡스-샹젤리제거리-에투알개선문-콩코드광장-루브르박물관으로 이어진다. 라데팡스 지명은 1872년 조각한 바리아스의 작품『저항 *La Défense*』에서 유래됐다. 보불전쟁 때 파리를 지키려고 몽마르트르 언덕에서 프러시아 군에 저항했던 시민들을 상징한 작품이다.그림 23 에펠탑과 어울려 라데팡스는 새로

그림 23 **역사축 상의 라데팡스와 바리아스의 조각 라데팡스**

그림 24 **에펠탑과
라데팡스**

운 파리 도시 이미지를 구축했다._{그림 24}

　라데팡스에 첨단업무, 상업, 판매, 주거시설 등이 고층·고밀도로 들어서, 파리의 새로운 스카이 라인을 만들었다. 1989년 7월 14일 라 그랑드 아르슈가 건설됐다. 프랑스혁명 200주년을 기념하여 La Grande Arche를 세운 것이다. 제3개선문이라 불린다. 라 그랑드 아르슈는 라 데팡스의 상징이다. 덴마크 건축가 슈프렉켈슨(Sperckelsen)의 작품이다. 폭은 샹젤리제 거리와 같은 70m이며, 높이는 105m다. 가운데 뻥 뚫린 큐빅은 세계를 향한 창이라 불린다. 에투알개선문의 두 배 크기다. 안에는 전시장과 회의장이 있다._{그림 25}

　텐트같은 모양의 지붕구조인 국제산업기술센터(CNIT)는 1957년에서 1959년 사이에 완성됐다. 한 변이 230m인 둥근 콘크리트 지붕이다. 국제적인 회의장소와 사업본부로 활용되고 있다. 건물입구는 광장 지하 교통수단에서 내린 사람들이 라데팡스로 나오는 출입구 역할을 한다. 라데팡스

그림 25 **제3개선문 라 그랑데 아르슈**

를 지나가는 모든 교통수단은 광장 지하로 연결된다. 시외고속전철, 지하철, A14번 고속도로, 2개의 내부 순환도로 등이 지나간다. 보행자들은 데크(deck)로 덮힌 광장에서 자유로이 거닐 수 있다. 보행이 불편한 사람이 사용하는 교통수단이 다닌다.그림 26

라데팡스는 산책로, 나무 숲 등을 살려 친환경을 도모했다. 숲속의 고층건물을 지어 친환경적 도시경관을 조성하려 했다. 1972년 48층짜리 오피스 건물 gan이 들어서면서 라데팡스 고층화에 불이 붙었다. 231m의 보험사인 퍼스트(Tour First), 석유·가스 에너지 기업인 토탈(Tour Total), 금융그룹 소시에테 제네랄(Tour Société Générale), 원자력기업인 아레바(Tour AREVA) 등 세계적 기업이 이곳에 있다.

그림 26 **국제산업기술센터와 라데팡스 보행 데크 광장**

<파리의 21구>, <프랑스의 맨해튼>으로도 불리는 라데팡스에는 현대 미술가들의 야외조각들이 들어섰다. 미로(Miró)의 『거인 Giant』, 세자르(César)의 『엄지손가락 Le Pouce』, 모레티의 『튜브』, 콜더의 『붉은 거미』 등 60여 개의 조각이 있다.그림 27 아감(Yaacov Agam)이 만든 분수도 있다.

그림 27 **라데팡스 조형물 미로의 『거인』과 세자르의 『엄지 손가락』**

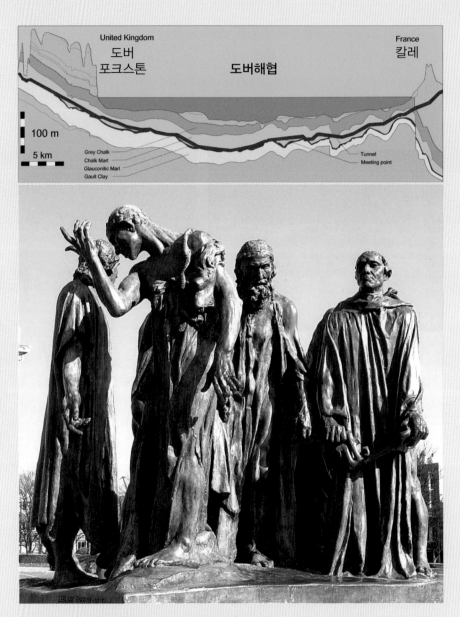

그림 28 도버 해협의 채널 터널과 로뎅의 『칼레의 공인 *Burghers of Calais*』

04 프랑스의 도시

북부: 칼레

칼레(Calais)는 도버 해협에 접해 있는 항구다. 2015년의 경우 33.5km² 면적에 75,960명이 산다. 칼레에서 도버해협까지 34km다. 1347년 영국의 에드워드 3세에 의해 정복되어 영국영토가 되었다. 100년 전쟁이 진행되었고 15세기 잔다르크가 활약했다. 1558년 메리 1세 때 프랑스 영토로 돌아왔다. 1889년 로댕(Auguste Rodin, 1840-1917)은 『칼레의 공민(公民) Burghers of Calais』을 제작했다. 영국과의 100년 전쟁 당시 프랑스 고위관료·상류층이 보여준 노블레스 오블리주(noblesse oblige)를 표현했다. 영어로 nobility obliges로 표현된다. 지도층이 사회적 의무를 다한다는 뜻이다. 그림 28

1994년 프랑스와 영국 사이의 영국해협 가운데 가장 좁은 도버 해협 밑으로 채널터널(Channel Tunnel)이 개통되었다. 채널터널은 영국의 포크스톤과 프랑스의 칼레를 연결한다. 자동차 유로라인이나 철도 유로스타 등 3개의 터널로 이루어져 있다. 그림 28

1588년 영국 해적 드레이크가 칼레에 정박한 스페인 무적함대를 화공으로 쳤다.

중부: 보르도, 샤모니

세계적인 와인 산지 보르도에 2016년 새로운 보르도 와인 박물관(Bordeaux Cité du Vin)이 세워졌다. 와인 박물관은 와인을 테마로 한 전시회, 쇼, 영화 상영, 학술 세미나, 박물관 기능을 한다. 보르도(Bordeaux)는 남서부의 항구도시다. 49.36km² 면적에 249,700명이 산다. 보르도 대도시권 인구는 1,247,977명이다. 보르도는 '물 가까이'라는 뜻이다. 보르도는 석회암을 기초로 토양은 칼슘 함량이 높다. 보르도는 가론 강과 도르도뉴 강이 합류하는 중앙에 놓여 있다. 두 강은 지롱드(Gironde) 강으로 흘러간다. 풍부한 수량을 공급한다. 대서양 기후는 포도주 생산에 적합하다. 보르도는 토양·용수·기후의 3박자가 함께 어울려 포도주 생산에 유리한 여건을 갖춘 도시다.그림 29 보르도에서 188.2km 떨어진 라 로셸(La Rochelle) 항구를 통해 와인을 수출한다. 2세기부터 보르도 생테밀리옹에서 포도주가 생산됐다. 보르도 포도주는 1855년에 보르도 성(Châteaux) 별로 분류되어 오늘에 이르렀다. 54개 샤토 명칭이 있다.

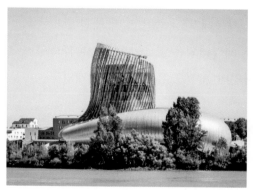

그림 29 **보르도 와인 박물관과 보르도의 지리적 환경**

샤모니 몽블랑(Chamonix-Mont-Blanc)는 몽블랑 산 기슭에 자리한 코뮌이다. 245.5km² 면적에 8,906명이 산다. 겨울 스포츠 리조트다. 1924년 동계 올림픽과 1960년 동계 유니버시아드가 열렸다. 스위스와 프랑스 접경지대인 고도 3,842m 샤모니 애귀 드 미디(Aiguille du Midi)에서 바라보는 알프스의 몽블랑(Mont Blanc) 정상은 압권이다. 몽블랑은 알프스 산맥의 최고봉이다. 높이가 4,809m다.그림 30 이탈리아에서는 몬테 비안코(Monte Bianco)라고 한다. 만년설이 윗부분을 덮고 있는 하얀 산이다.

그림 30 **샤모니 몽블랑**

남부: 아를, 마르세유, 칸, 소피아 앙티폴리스, 니스

남부 프랑스에는 지중해 연안을 따라 아를, 마르세유, 칸, 소피아 앙티폴리스, 니스 등의 아름다운 도시들이 연이어 발달해 있다.

아를(Arles)은 남부 프로방스 론(Rhone) 강 유역의 도시다. 758.93km² 면적에 52,548명이 산다. 1888-1889년 빈센트 반 고흐는 아를에 머물면서 『밤의 카페 테라스 *Café Terrace at Night*』(1888) 등의 작품을 그렸다. 그린 장소는 Place du Forum의 Cafe Terrace다. 아를에는 고색풍의 도로가 남아 있다.그림 31 고흐의 작품은 네덜란드 Otterlo의 Kröller-Müller Museum에 있다.

그림 31 **고흐의 『밤의 카페 테라스』와 아를의 레난 거리**

마르세유(Marseille)는 파리로부터 남쪽으로 797km 떨어져 있는 항구도시다. 남프랑스 최대의 상공업 도시다. 프랑스에서 파리 다음으로 큰 도시다. 240.6km² 면적에 869,815명이 산다. 대도시권 인구는 1,831,500명이다. 마르세유는 1481년 프랑스에 통합됐다. 마르세유 경제는 항구기능이 주이며 연간 수억 톤의 화물이 항구를 통과한다. 화물의 60%가 석유다. 수송규모는 지중해 1위며 유럽 3위다. 북부 석유 전용항 라베라와 연계해 석유화학 공업 지대가 형성되어 있다.

그림 32 **노트르담 드 라 가르드 바실리카와 샤토 디프**

1864년 남쪽 언덕 위에 「노트르담 드 라 가르드 바실리카」가 축성됐다. 뱃사람들의 수호신이다. 해안가에 시민들이 쉴 수 있는 볼리 비치(Borely beach)가 있다. 남쪽에는 건축가 르코르뷔지에(Le Corbusier)가 설계한 주택단지가 있다. 항구 바깥에는 뒤마(Alexandre Dumas)의 소설 『몽테크리스토 백작 *The Count of Monte Cristo*』(1844-1846)의 샤토 디프(Château d'If)가 있는 섬이 있다. 이 섬에는 주인공 에드몽 당테스(Edmond Dantès)가 갇혀 있었다는 샤토 디프 감옥이 있다. 그림 32

프랑스 국가(國歌)인 『라 마르세예즈』는 프랑스 혁명 기간 마르세유 군인들이 파리로 가면서 부르던 군가였다. 1409년 설립된 엑스 마르세유 대학교는 파리대 다음으로 큰 대학이다. 마르세유에는 북아프리카 이슬람 이민자들이 많다. 축구선수 지단의 고향이다. 프랑스식 해물탕인 부야베스(Bouillabaisse) 발상지다.

칸(Cannes)은 니스 남서쪽 30여km 떨어진 곳에 있다. 19.62km² 면적에 인구 74,200명이 사는 휴양도시다. 4백 년 전에 만들어진 구시가지 쉬케(Le Suquet)는 어부들의 주거지였다. 쉬케 언덕에 오르면 칸이 한 눈에 들어온다. 1834년 부자들이 별장을 세우면서 농어촌에서 리조트 타운으로 발전했다. 매년 5월에 칸 국제영화제(Cannes Film Festival)가 열린다. 세계 4대 영화제 중 하나다. 칸 영화제가 개최되는 영화의 전당은 1982년에 완공한 팔레 데 페스티벌 에 데 콩그레다.그림 33 끄르제트 거리(Promenade de la Croisette) 서쪽 끝에 영화의 전당이 있다. 야자수가 늘어선 약 2km의 끄르제트 거리에는 호텔, 레스토랑, 부티크가 가득하다.

그림 33 **팔레 데 페스티벌 에 데 콩그레**

그림 34 **소피아 앙티폴리스와 니스 소피아-앙티폴리스 대학교**

소피아 앙티폴리스(Sophia Antipolis)는 니스 서쪽에 있다. 소피아는 지혜의 신, 앙티폴리스는 반(反)도시를 뜻한다. 파리권 분산, 균형발전, 지역혁신 거점 육성 등을 목표로 건설했다. 1969년부터 개발했다. 482.8km² 면적에 179,920명이 거주한다. 전체 2/3를 녹지로 보존했다. 온화한 기후, 인근에 있는 니스·칸 등의 뛰어난 자연생활환경, 국제학교가 있는 우수한 교육환경 등이 다국적 인재들을 끌어들였다. 근무자의 1/4이 전 세계 70여 개국에서 온 고급인력이다. 유레컴(Eurecom)이 있다. 독일, 이탈리아, 핀란드 등 통신관련 대학이 공동 설립했다. 1965년에 니스 소피아 앙티폴리스 대학교 (University of Nice Sophia Antipolis)를 세웠다.그림 34

니스(Nice)는 프랑스 리비에라(French Riviera) 중심지다. 면적은 71.92km² 이고 342,500명이 산다. 니스 대도시권 인구는 1,006,402명이다. 1930년부터 니스공항이 운행되고 있고, 니스와 모나코 방문객이 이용한다. 연평균 기온은 15℃이며 연중 온난하다. 니스는 1793년 이후 프랑스 영토였다. 나폴레옹 전쟁의 패배로 잠시 사르데냐 왕국에 귀속되었다. 1860년에 이탈리아 통일을 도와준 대가로 다시 프랑스에게 양도되었다.

뒤에는 산이 앞에는 지중해 연안의 아름다운 풍경으로 펼쳐져 휴양지로 활용된다. 푸른 색감이 도시와 해안을 감싼다. 니스의 별칭은 '니스는 미인(Nice the Beautiful).'이다. 니스는 빛·색·맛의 고장이라고 불린다.그림 35 프롬나드데장글레(La Promenade des Anglais)라 불리는 7km 길이의 해안산책로가 있다. 안타깝게도 2016년에 니스테러가 일어난 곳이다. 일광욕을 즐기는 사람들이 가득하다. 재래시장 살레야 광장(Cours Saleya)에는 니스 풍물이 넘쳐난다.

그림 35 **니스**

05 모나코 공국

모나코(Monaco) 공국은 면적 2.1km²와 인구규모 38,680명의 도시국가다. 1297년부터 그리말디(Grimaldi) 가문이 통치하고 있다. 국가원수는 모나코 공작(Prince)이다. 유엔 회원국 가운데 모나코가 가장 작다. 1701년부터 국방권을 프랑스에 위임했다. 1861년 프랑스와의 조약으로 주권은 보유했다. 1949부터 2005년까지 56년간 레니에 3세(Rainier III)가 통치했다. 레니에 3세의 뒤를 이어 알베르 2세가 통치한다. 도박과 엔터테인먼트 산업이 주다.그림 36

그림 36 **모나코**

프랑스는 비옥한 땅과 3면의 바다를 가진 나라다. 이런 연유로 일찍부터 음식문화가 발달했다. 유럽의 교차로 역할을 해왔고, 불어를 세계 5위 언어로 만들었다. 2021년 프랑스의 1인당 GDP는 44,995달러다. 프랑스의 노벨상 수상자는 70명이다. 자동차·항공·고속철·문화상품 등은 세계적이다. 프랑스는 가톨릭교도가 63-66%인 기독교국가다. 가톨릭의 장녀(長女)라 부른다. 특히 프랑스는 대혁명을 통해 세운 자유·평등·박애의 시민정신을 전 세계에 널리 보급했다.

　파리는 세계의 문화수도다. 파리의 에펠탑은 프랑스혁명 100주년을, 신도시 라데팡스의 라 그랑드 아르슈는 프랑스혁명 200주년을 기념해 세웠다. 칼레는 노블레스 오블리주 공민정신의 표본도시이다. 보르도는 세계적 와인 산지이고, 샤모니는 알피니스트의 산행지다. 아를은 고흐가 창작활동을 했던 곳이며, 마르세유는 프랑스 제2도시로 항구도시다. 소피아앙티폴리스는 테크노파크다. 칸은 국제영화도시이고, 니스는 세계적 지중해 휴양도시다. 모나코 공국은 프랑스와 긴밀한 소도시로 세계 최소국가다.

그림 37 에펠탑과 1889 세계박람회 야경

3

네덜란드 왕국

풍차와 튤립

▮ 01 네덜란드 전개과정

　　바다를 메워 땅으로

　　무른 땅에 발달한 농목업

　　스페인과 싸워 독립을 쟁취

　　네덜란드·황금시대

　　주변국과의 전쟁 이후

▮ 02 네덜란드 수도 암스테르담

▮ 03 정치행정 중심지 헤이그

▮ 04 유럽의 관문도시 로테르담

그림 1 네덜란드 지리

01 네덜란드 전개과정

네덜란드의 공식명칭은 네덜란드 왕국이다. 네덜란드어로 Nederland, 독일어로 Niederland, 불어로 Paysbas로 표기한다. 영어로 Kingdom of the Netherlands로 요약하여 Netherlands로 표기한다. '낮은 땅'이란 뜻이다. 입헌군주국이며 수도는 암스테르담(Amsterdam)이다. 대부분의 국가행정기관은 헤이그(The Hague)에 있다. 로테르담(Rotterdam)은 유럽의 관문항구도시다. 네덜란드 왕국의 상당 부분을 차지하는 홀란트(Holland) 지방 이름을 따서 홀란드나 화란(和蘭)이라 부르기도 한다. 41,865km²면적에 17,418,465명이 거주한다. 1937년에 국기가 제정됐다. 네덜란드는 북해 난류가 흘러 온화하다.

바다를 메워 땅으로

네덜란드는 해수면보다 낮은 땅이 1/3이다.그림 1 네덜란드 해수면 평균높이는 30m다. 가장 낮은 곳은 주이드플라스폴더(Zuidplaspolder)로 −6.76m다.그림 2 본토에서 가장 높은 곳은 322.4m의 Vaalserberg다. 네덜란드는 물과의 전쟁을 통해 해수면보다 낮은 곳, 곧 바다를 메워 국토를 넓혔다. 네덜란드의 주요 도시는 바다를 메운 땅 위에 들어섰다. 바다를 메우려면 간척지를 만들어야 한다. 간척지에 도시를 세우려면 반드시 댐(dam)을 쌓아야 한다. 이런 연유로 네덜란드에는 dam으로 끝나는 도시가 많다. 암스텔 강에 댐을 쌓아 만든 도시가 암스테르담이다. 그리고 로테 강에 댐을 건설해 세운 도시가 로테르담이다.

　해수가 드나들어 염분이 있는 해변을 간석지(tidal land)라 한다. 간석지에서 염분을 빼내려면 인공제방인 방조제(tide embankment)를 쌓아 해수를 퍼내야 한다. 간석지에서 염분을 제거하여 활용 가능한 땅으로 만들었을 때 이를 간척지(干拓地, reclaimed land, polderland)라 한다. 네덜란드는 이를 폴더(pol-

그림 2 네덜란드 주이드플라스폴더

der)라 칭한다. 폴더는 인공제방으로 둘러싸여 해수면보다 낮은 땅이 많다. 간척지는 농경지, 목초지, 주거지 등으로 활용된다.

15세기 네덜란드에 등장한 풍차는 간척사업에 날개를 달아 주었다. 풍차에 배수용 수차를 매달아 관개를 할 수 있기 때문이다. 풍차는 인공제방 안에 있는 바닷물을 퍼내어 바다로 내보낸다. 또 바닷

그림 3 **킨데르데이크 풍차**

물이 나간 땅을 건조시킨 후 민물을 넣어 담수호를 만들어 준다. 담수호는 인근 농업지대에 관개용수를 공급한다. 네덜란드에서는 18세기 산업혁명 전까지 4면 풍차(four sails/blades windmill)가 주류였다. 그러나 증기기관이 발명되면서 화살 모양의 3면 풍차(three sails/blades windmill, wind turbines)가 들어섰다.

로테르담 인근에 있는 킨데르데이크(Kinderdijk)는 1738-1740년에 19개의 풍차가 세워졌다. 1997년 유네스코 문화유산으로 지정되었다.그림 3 잔(Zaan) 강의 보루란 뜻의 잔서스한스(Zaanse Schans)에도 풍차가 있다. 네덜란드 독립전쟁(1568-1648) 때 스페인의 공격을 막기 위해 건설됐다. 네덜란드 중부 잔담(Zaandam)에 있다. 1998년 잔스박물관(Zaans Museum)이 개관되었다.

네덜란드는 바다와의 쟁투에서 얻어낸 삼각주 공사(Delta Works)와 자위더르해 간척공사(Zuiderzee Works)의 성과를 갖고 있다. 이 두 가지 공사는 미국 토목학회가 선정한 20세기 7대 불가사의 해양구조물 중 하나다.

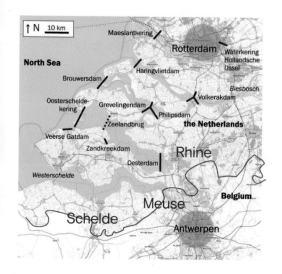

그림 4 **네덜란드 삼각주 공사**

그림 5 **삼각주 공사 이후의 담수호**

네덜란드 해안가에는 1675년, 1682년, 1916년에 폭풍(storm surge floods)이 몰아쳤다. 1953년의 폭풍우는 무서웠다. 에이셀 해 남쪽 라인 강(Rhine), 마스/뫼즈(Maas/Meuse) 강, 스헬더(Schelde) 강 등 3대 강으로 이루어진 삼각주 지대에 대홍수를 퍼부었다. 네덜란드는 비상이 걸렸다. 로테르담(Rotterdam)과 벨기에 앤트워프(Antwerp) 두 항구로 가는 통로만 남겨두고 나머지는 막았다. 그리고 삼각주 지대 바닷물 사이에 있는 육지와 육지를 제방으로 연결해 바닷물 유입을 차단했다. 약 700km에 이르는 방조제를 세웠다. 이것이 삼각주 공사(Delta Works)다. 1954-1997년의 43년 기간에 진행됐다.그림 4 건설이 끝난후 바다는 담수호로 바뀌었다. 농업과 식용수를 공급했다. 방조제 도로는 공업 발달을 가져왔다. 넓은 호수와 경관은 휴양관광시설이 되었다.그림 5

자위더르해 간척공사(Zuiderzee Works)는 1920-1975년까지 55년간 진행됐다. 북해 바덴 해(Wadden Sea)와 에이설 호(Ijsselmeer) · 마르커르 호(Markermeer)를 분리하는 32km의 자위더르해 방조제를 건설했다. 에이설 호 · 마르커르 호는 담수호(fresh water lakes)가 됐다. 자위더르해 방조제 건설로 비링에르메이르, 노르도스트폴더르, 동(東) 플레볼란트, 남(南) 플레볼란트 등 4개의 간척지가 생겼다. 간척지에는 거주지역이 조성됐다.그림 6 1927-1932년간 건설된 주이더 바다 방조제 아프슬라위트데이크(Afsluitdijk)는 관광명소가 됐다.그림 7

네덜란드 북해 연안은 라인강 · 뫼즈강 · 스헬더강이 침식 운반해 온 부유 물질이 쌓이는 퇴적지형이다. 네덜란드 사람들은 이 퇴적지형의 바다 갯벌을 정복해 땅을 만드는 역사를 만들었다. "신은 인간을 창조했고, 네덜란드는 땅을 만들었다."고들 한다. 외쿠메네(ökumene) 확대로 해석된다. 기후가 매우 건조해 물을 구하기 어려운 곳이나 고도가 매우 높은 경사진 곳은 사람이 살 수 없다. 이것은 안외쿠메네(unökumene)에 해당한다.

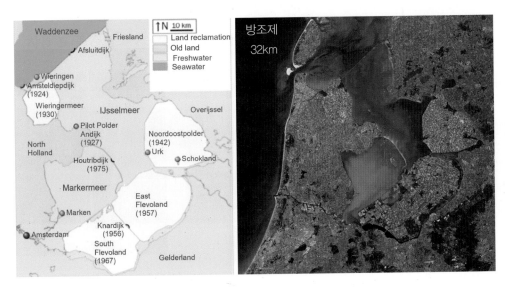

그림 6 네덜란드 자위더르해 간척 공사

그림 7 **자위더르해 방조제 아프슬라위트데이크**

무른 땅에 발달한 농목업

네덜란드는 무른 땅에 농목업을 발달시
켰다. 국토의 70%가 농목지다. 네덜란
드 국화인 튤립(tulip) 화훼재배는 농목
업의 상징이다.그림 8 튤립 재배는 오스
만제국에서 시작되었고, 16세기에 네
덜란드에 들어왔다. 1592년 튤립에 관
한 책이 출간됐다. 1637년 터무니없
는 튤립파동(tulip mania)으로 경제가 타
격 받은 사건이 있었다. 1950년에 완공
한 남부 홀슈타인 리세(Lisse)의 쾨켄호
프(Keukenhof) 공원에서 튤립축제가 열
린다.그림 9 노동력의 2%가 농업인구지
만, 최첨단 농업기술과 높은 생산성으
로 농산물 수출은 세계 2위다. 과일·채
소·육류·화훼·낙농 등의 제품을 수
출한다. 네덜란드에서 생산되는 농산
물의 3분의 2는 수출된다. 그린하우스
(greenhouse) 면적이 90km²로 세계 1위
이고 1,500개가 있다. 재배가능한 모든

그림 8 **네덜란드 국화 튤립**

그림 9 **네덜란드 쾨켄호프 꽃 정원(리세)**

종류의 농작물이 생산된다. 네덜란드에서는 오래 전부터 치즈 생산이 이뤄
졌다. 1184년부터 암스테르담 남쪽 하우다(Gouda)에서 생산되는 하우다 치

즈, 에담 치즈, 레르담 치즈 등은 도시 이름을 따서 만든 치즈다. 암스테르 담 북서쪽 알크마르에서 전통 치즈시장이 열린다.

스페인과 싸워 독립을 쟁취

BC 1세기 중엽 로마가 이곳에 진주했다. 400년경 게르만족 대이동으로 로마인이 물러갔다. 로마인이 있을 때 기독교가 유입된 것으로 추정한다. 남부 마스트리히트(Maastricht)에 570년에 지은 네덜란드 최고(最古)의 성당 성 세르바티우스 성당이 있다.

10-13세기에 네덜란드에 상업 도시가 건설되었다. 10-16세기 동안 홀란드 백작 가문(House of Holland)은 신성로마제국의 정치구성체로 네덜란드 저지대를 다스렸다. 1384-1482년까지 부르고뉴(Burgundy) 사람들이 현재의 베네룩스 전역을 지배했다.

1556-1714년의 158년간 네덜란드는 에스파냐의 통치(Spanish Netherlands)를 받았다. 중세 이후 모직물공업과 중계무역으로 도시는 광범한 자치권과 자유의 바람이 넘쳤다. 1540년 종교개혁 이후 칼뱅 신교도가 급증하였다. 1556년 스페인 펠리페 2세는 가톨릭 수호를 명분으로 신교를 탄압했다. 중세를 부과하며 자치권을 박탈하자 저항운동이 시작됐다. 그러나 에스파냐의 알바는 네덜란드 총독으로 부임해 1567-1573년 사이 지도자 에흐몬트와 호른 등을 비롯한 8천명 이상을 처단했다. 재산을 몰수하는 등의 공포정치를 자행했다. 시민들은 영국·독일 등으로 망명했다. 그 수가 10만 명에 달했다. 1566년 칼뱅 주의자들은 플랜더스의 혼트슈테 교회를 습격했다.

가톨릭 교회를 훼파하면서 성상을 무너뜨리는 성상파괴(statue storm) 행동을 감행했다.그림 10 에스파냐가 <바다의 거지들>이라 불렀던 칼뱅 신교도들이 에스파냐의 은선단(銀船團)을 습격했다.

그림 10 **칼뱅주의자들의 성상 파괴**

그림 11 **빌럼 1세와 네덜란드 공화국**

칼뱅주의 개신교로 개종한 오렌지公 빌럼 1세(Willem I, William the Silent, 1533-1584)는 1568년 헤일리게레 전투에서 스페인 군대를 무찔렀다. 이는 80년간 스페인과 싸워 이긴 네덜란드 독립전쟁(Eighty Years' War, 1568-1648)으로 발전했다. 빌럼 1세는 귀족·상공업자·농민들을 묶어 독립운동을 이끌었다. 1581년 빌럼 1세는 초대총독으로 취임하면서 네덜란드 공화국의 독립을 선언했다. 1584년 빌럼 1세는 가톨릭교도에게 암살되었다. 그는 조국의 아버지(Father of the Fatherland)로 추앙되었다.그림 11 1588년 에스파냐의 무적함대가 영국에 의해 격파되었다. 1598년 펠리페 2세가 사망했다. 네덜란드는 나우포르트(1600)와 지브롤터(1607) 전투에서 에스파냐를 이겼다. 1609년 에스파냐는 네덜란드와 1621년까지의 휴전조약을 체결했다. 이후 전개된 30년 전쟁에서 네덜란드는 승전국이 되었다. 1648년 네덜란드는 베스트팔렌조약에서 국제적으로 독립을 승인받았다. 80년간의 독립전쟁이 종식되었다. Dutch Republic으로 표기되는 네덜란드 공화국은 1581년에서 1795년까지 존속했다.

네덜란드 황금시대

네덜란드에서는 1581-1672년의 91년간 황금시대(golden age)가 펼쳐졌다. 1581년 네덜란드 공화국이 성립된 후 무역·예술·과학 등에서 괄목할 발전을 이룩했다. 여기에는 고급 기술인력 유입, 개신교 등의 관용정신, 풍차와 운하 활용 등의 요인이 영향을 미쳤다.

그림 12 **네덜란드의 하멜 동상(고린헴)과 하멜 전시관(전남 강진)**

그림 13 **에라스무스와 스피노자**

해양으로 나아가 무역을 활성화하고 식민지를 개척하여 한때 네덜란드 제국(Dutch colonial empire)을 경영했다. 1602년에 아시아를 개척하기 위해 네덜란드 동인도회사가 설립됐다. 1602년 동인도회사는 증권거래를 통해 경제를 활성화하려고 세계 최초의 암스테르담 증권거래소를 열었다. 2000년에 증권거래소는 Euronext Amsterdam으로 바뀌었다. 네덜란드 서인도회사도 설립해 1623-1647년 사이 북미 신대륙과 아프리카 개척을 도모했다. 1610년에 인도네시아 바타비아(Batavia)에 식민지를 건설했다. 바타비아는 인도네시아 수도 자카르타(Jakarta)로 발전했다. 1641-1854년 기간 동안 일본 나가사키에 난학(蘭學)이라 불리는 네덜란드 문화가 전수됐다. 네덜란드의 조선(造船) 기술자들은 실용적인 플루이트 선을 개발해 해운산업이 활성화됐다. 아메리카, 아프리카, 인도, 중국 등과 교역을 텄다.

1609년 영국인 헨리 허드슨이 뉴욕 근처의 강을 탐험해 허드슨(Hudson) 강으로 명명됐다. 1624년에 네덜란드는 허드슨 강 유역에 뉴 암스테르담(New Amsterdam) 식민지를 건설했다. 그러나 영국의 공격을 받아 1664년 영국에 점령되었다. 뉴 암스테르담은 새로운 요크라는 뜻의 뉴욕(New

York)이라 개칭되었다. 1642년 네덜란드 탐험가 태즈만(Tasman)은 뉴질랜드를 탐험했다. 1653-1666년 동인도회사 선원이며 서기(書記)인 하멜이 조선에 왔다가 네덜란드로 돌아가 『하멜 표류기』를 냈다. 2007년 전남 강진에 하멜 전시관이 세워졌다.그림 12

산업이 발달하면서 경제적 풍요로움이 넘쳤다. 개신교 등 사회적 관용이 이뤄져 문화와 예술이 꽃폈다. 철학자 에라스무스(Erasmus, 1466-1536), 스피노자(Spinoza, 1632-1677),그림 13 화가 렘브란트(Rembrandt, 1606-1669) 등이 배출되었다. 페르메이르(Vermeer)는 『진주 귀걸이를 한 소녀』(1665)를 남겼다. 19세기에는 고흐(Gogh, 1853-1890)가 활동했다.그림 14

그림 14 **렘브란트, 페르메이르의 『진주 귀걸이를 한 소녀』, 고흐**

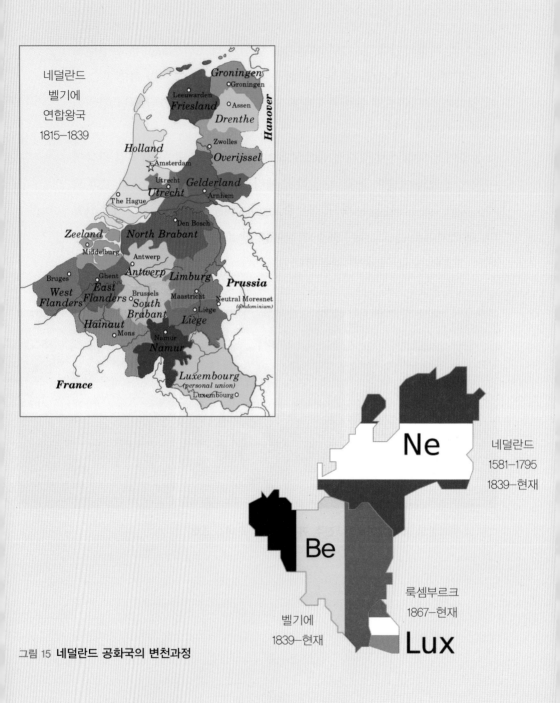

네덜란드
벨기에
연합왕국
1815–1839

Groningen
Groningen
Leeuwarden
Friesland
Assen
Drenthe
Hanover
Zwolles
Holland
Overijssel
Amsterdam
Utrecht
Gelderland
Utrecht
The Hague
Arnhem
Den Bosch
Zeeland
North Brabant
Middelburg
Antwerp
Antwerp
Limburg
Prussia
Bruges
Ghent
East
Brussels
Maastricht
Neutral Moresnet
West
Flanders
South
(condominium)
Flanders
Brabant
Liège
Hainaut
Liège
Mons
Namur
Namur
France
Luxembourg
(personal union)
Luxembourg

Ne
네덜란드
1581–1795
1839–현재

Be

룩셈부르크
1867–현재

벨기에
1839–현재
Lux

그림 15 네덜란드 공화국의 변천과정

주변국과의 전쟁 이후

네덜란드는 1652-1784년까지 132년간 네덜란드를 견제하려는 영국과 4차례에 걸친 영란전쟁(英蘭戰爭, Anglo-Dutch Wars)을 벌이면서 국력이 쇠약해졌다. 1672-1678년간에는 프랑스와 전쟁(Franco-Dutch War)을 치렀다. 1795년에 이르러 나폴레옹에게 점령당했다. 이로써 1581-1795년의 214년간 존속했던 네덜란드 공화국은 역사 속으로 사라졌다.

1648년 독립 전쟁 이후 네덜란드 남부지역이던 벨기에가 반기를 들었다. 당시 벨기에 인구가 북부 네덜란드 인구보다 많았다. 인구가 적은 네덜란드가 벨기에를 지배하면서 갈등이 증폭된 것이다. 남부의 로마가톨릭교와 북부의 개신교와의 신앙적 갈등도 있었다. 1793년 프랑스는 벨기에를 합병했다.

1815년 빈 회의에서 네덜란드는 입헌군주국으로 바뀌었다. 1815년에 네덜란드 벨기에 연합왕국(1815-1839)이 구성되었다. 이런 가운데 1830년 프랑스 혁명에 자극받은 네덜란드 남부 사람들이 <벨기에 혁명>을 일으켰다. 벨기에는 1831년에 독립했고, 네덜란드는 1839년에 가서야 벨기에의 독립을 승인했다. 963년 지크프리트가 룩셈부르크 고성(古城)에서 룩셈부르크의 시작을 알렸다. 1354년 룩셈부르크 공국으로 승격되었고 1477년 합스부르크가에 넘어갔다. 1815년 빈 회의에서는 대공국으로 승격되었으며, 1867년 런던 조약으로 독립과 중립이 보장되었다. 대공을 겸한 네덜란드 국왕 윌리엄 3세(William III)가 후계자 없이 사망했기 때문이다. 1890년 동군연합이 해소되어 룩셈부르크는 독자적인 왕가를 가지게 되어 룩셈부르크 공국(Grand Duchy of Luzembourg)이 됐다. 이로써 벨기에, 네덜란드, 룩셈부르크의 베네룩스(BeNeLux) 3국이 구성되었다.그림 15

네덜란드는 중립정책을 택했으나 제2차 세계대전 때 독일에 침략당했다. 제2차 세계대전 후 미국 마샬 원조에 힘입어 복구했으며, 네덜란드는 중립정책을 포기했다. 1945년에는 유엔에 가입했고, 1957년에 유럽공동체(EU)에 창설 회원국으로 참여했다. 1990년대 이후 네덜란드는 난민이 선호하는 나라가 되었다. 2013년 이후 빌럼 알렉산더(Willem-Alexander) 왕이 통치하고 있으나, 국사는 내각이 관장한다. 네덜란드는 12개의 주(provincie)로 나뉘어 있다.

네덜란드 경제는 기계·전기·첨단산업·금속·석유정제·화학 등 제조업과 식품·금융·교역·건설·서비스 등에서 창출된다. 2021년 네덜란드의 1인당 GDP는 58,003달러다. 네덜란드 노벨상 수상자는 22명이다. 1636년부터 문을 연 위트레흐트 대학은 노벨상 수상자를 12명 배출했다.그림 16 그리고 세계 10위권 수출국이다.

네덜란드 15세 이상 인구의 89%가 영어를, 70%가 독일어를, 29%가 불어를, 5%가 스페인어를 구사한다. Dutch pay는 식사 후 각자 돈 내는 것을 뜻한다. 도시의 교통수단 중 자전거를 즐겨 이용한다. 네덜란드 사람들의 평균 신장은 남자 184cm, 여자 171cm로 큰 편인데, 이는 영양상태와 장신 선호의 경향이라는 분석이 있다. 축구·스케이트·자전거 경기를 즐긴다.

그림 16 네덜란드 위트레흐트 대학

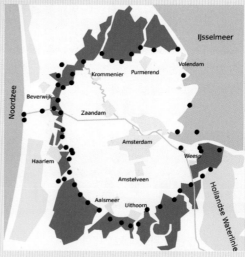

그림 17 **암스테르담 운하지구와 방위선**

02 네덜란드 수도 암스테르담

암스테르담(Amsterdam)은 네덜란드의 수도다. 최대도시이고 경제문화 중심지다. 219.32km² 면적에 872,680명이 거주한다. 암스테르담 대도시권 인구는 2,410,960명이다. 암스테르담 지명은 암스테르 강에 댐을 쌓아 만든 도시라는 뜻에서 유래됐고 댐은 1270년에 건설됐다. 17세기 네덜란드 황금시기에 금융과 교역 중심지로 급성장했다. 암스테르담의 다이아몬드 가공기술은 세계적이다. 마르커르 호에서 출발하는 암스테르담 운하는 북해로 연결된다.

구시가지는 반원형으로 이루어진 3개의 큰 운하로 둘러싸여 있어 운하지구(Grachtengordel)로 불린다. 19-20세기에 도시가 외연적으로 확장됐다. 교외지역이 형성되어 암스테르담 방위선(Defence Line)이 구축됐다. 17세기의 암스테르담 운하와 19-20세기의 암스테르담 방위선은 2010년 유네스코 세계유산으로 지정되었다.그림 17

1916년부터 운영하기 시작한 암스테르담 스키폴 국제공항(Amsterdam Air-port Schiphol)에는 약 3천만 명이 이동한다. KLM과 델타항공의 허브공항이다. 1889년에 세운 암스테르담 중앙역은 일본 도쿄 역의 모델이다.

1213년에 설립한 구 교회(Old Church)는 암스테르담에서 가장 오래된 건물이다. 1578년 종교개혁 이후 칼뱅주의 개혁교회로 바뀌어 오늘에 이른다. 네덜란드 종교는 1600년부터 20세기 전반까지 북부는 칼뱅주의 개혁교회가, 남동부는 가톨릭교가 주를 이루었다. 2017년의 종교 구성은 가톨릭이 23.6%, 개신교가 14.9% 등 기독교가 38.5%다. 무슬림이 5.1%, 기타가 5.6%, 무교가 50.7%다.

1648-1655년 기간에 건축한 암스테르담 왕궁은 왕이 이곳을 왔을 때 사용하는 거처다. 왕궁 인근에 1270년에 건설된 담 광장(Dam Square)이 있다. 암스테르담 왕립 콘세르트헤바우 관현악단 전용콘서트홀은 1888년부터 활용됐다. 콘세르트헤바우는 콘서트홀을 뜻한다. 1988년에 왕립 칭호를 받았다.그림 18

1639-1656년 기간에 렘브란트가 살았던 곳에 렘브란트 하우스 박물관

그림 18 **왕립 콘세르트헤바우 관현악단 전용콘서트홀**

을 지었다. 1642년의 작품 『야경(夜警) Night Watch』이 조성되어 있다.그림 19 1798년에 건립된 암스테르담박물관 (Rijksmuseum)은 8천점의 예술작품과 역사물이 전시되어 있다. 렘브란트, 할스, 페르메이르 등의 작품이 있다. 박물관 앞에는 이 도시의 브랜드인 <I amsterdam> 이 설치되어 있다.그림 20 스테델릭 미술관(Stedelijk Museum)은 1874년에 설립된 현대미술과 디자인

그림 19 **렘브란트 하우스와 야경(夜警)**

박물관이다. 20세기 초부터 21세기까지의 현대미술로 구성되어 있고, 고흐, 칸딘스키, 샤갈, 마티스, 앤디 워홀 등의 작품들이 있다. 1973년에 문을 연 반 고흐 미술관은 고흐와 그의 동시대 작가들의 작품을 기리기 위한 미술관이다.

16세에 요절한 독일소녀 안네가 1942년부터 1944년 사이에 거주했던 곳에 안네 프랑크의 집을 세웠다. 나치 지배 때 쓴 안네 프랑크는 『안네의 일기 The Diary of Anne Frank』(1947)를 남겼다.

암스테르담은 교역으로 성장했고 실용적인 산업을 육성했다. 1867년에 시작한 하이네켄(Heineken) 맥주 본사가 암스테르담에 있다. 1891년 아인트호벤(Eindhoven)에서 가전회사로 출발한 필립스(Philips)는 본사를 암스테르담으로 옮겼다.그림 21 암스테르담에 있는 실용적인 사업체는 1994년에 세운 페인트 AkzoNobel, 1991년에 시작한 네비게이션 Tom Tom, 1991년 문을 연 보험 ING 등이 있다. 그리고 Uber, Netflix, Tesla 등의 유럽 본사가 있다.

그림 20 **암스테르담 박물관과 도시 브랜드** **I amsterdam**

암스테르담은 땅만 파면 물이 나와 집짓는 공사기간이 길며 고층 건물을 짓기 어렵다. 이런 연유로 배위에서 생활하거나 일상적인 일을 처리하는 경우도 있다. 집을 크게 지으면 세금이 많아져 다닥다닥 붙여서 짓는다. 땅이 질척거려서 일찍부터 나막신이 발달했다. 암스테르담 더발런 지구는 홍등가이며, 네덜란드는 매춘과 대마초가 합법화된 나라다.

그림 21 **암스테르담의 하이네켄과 필립스 본사**

03 정치행정 중심지 헤이그

헤이그(The Hague, 덴하흐 Den Haag)는 네덜란드의 정치행정 중심지다. 스그라벤하게(s-Gravenhage)로 불렸다. 백작가의 사유지란 뜻이다. 98.12km² 면적에 544,766명이 거주한다. 헤이그 대도시권 인구는 2,261,844명이다. 제2차 세계 대전 때 헤이그가 독일군 로켓탄의 발사 기지가 되었기에 연합국 측으로부터 집중 공격을 받았다. 그러나 오늘날 공원도시로 재탄생했다.

13세기 네덜란드 백작 플로리스 4세가 사냥터를 세우기 위해 땅을 구입하면서 헤이그가 시작됐다. 1248년 빌럼 2세가 사냥터를 궁전으로 넓혔다. 그의 아들 플로리스(Floris) 5세 때 궁전이 완성됐다. 1250년에 지어진 기사의 홀(Ridderzaal)은 군주가 정치적 이벤트를 펼치거나 공식적인 국제회의

그림 22 **마우리츠와 정치행정 중심지 헤이그**

그림 23 **네덜란드 국회와 정부 기관**

를 할 때 사용되었다. 1579년 네덜란드 연방공화국이 성립되고 1631년 마우리츠(Maurice van Oranje) 공작이 헤이그를 거성(居城)으로 정하면서 정치의 중심지가 되었다.그림 22

정치행정도시 헤이그에는 네덜란드 정부 부처와 국회(States General)가 있다. 정부 기능은 1588년 네덜란드 공화국 설립 때부터 시작됐다.그림 23 1838년에 설립된 대법원(Supreme Court)은 2016년 이전했으며 각국 공관이 있다. 1913년 철강왕 카네기의 지원으로 만들어진 평화궁에는 국제사법재판소, 헤이그 국제법원, 도서관 등이 있다. 2002년에 세워진 국제형사재판소도 있다. 네덜란드는 17세기에 해양 진출이 활발해지면서 국제법의 아버지라고 불리는 휴고 그로티우스를 배출했다. 『전쟁과 평화의 법』(1625, 1631)을 출간해 국제법의 틀을 제시했다.

1907년 만국평화회의가 헤이그에서 열렸다. 이준, 이상설, 이위종 3인은 고종의 명을 받아 이 회의에서 을사보호조약의 부당함을 피력하려 했다. 그러나 일본과 영국이 반대하여 회의에 참석하지 못했다. 이준 열사는 순국했고, 헤이그에 이준 평화박물관이 있다.그림 24

그림 24 **헤이그 이준 평화박물관과 이준 이상설 이위종**

1822년에 개관한 마우리츠 미술관(Maurits House)에는 렘브란트, 페르메이르, 루벤스 등의 작품이 있다. 법원연못(Hofvijver) 주변은 헤이그에 새로운 현대적 도시 이미지를 구현해 주고 있다.그림 25 1907년에 문을 연 석유에너지회사 Royal Dutch Shell 본사가 헤이그에 있다.

그림 25 **마우리츠 미술관과 헤이그의 새로운 도시경관**

04 유럽의 관문도시 로테르담

로테르담(Rotterdam)은 유럽으로 들어가는 관문도시(Gateway city)다. 325.79km² 면적에 651,446명이 산다. 로테르담 대도시권 인구규모는 2,620,000명이다. 교역항·중계항·환적항(換積港) 역할을 한다. 북해의 라인 강, 뫼즈 강, 스헬더 강의 삼각주에 위치했다. 로테르담은 수로·철도·도로 등 각종 교통기능이 활성화되어 유럽과 세계의 관문이라고 불린다. 로테르담은 900년경 로테 강 끝자락의 어촌으로 출발했다. 1270년 로테 강에 댐이 건설되면서 본격적으로 발전했다.

로테르담의 남북은 1996년에 완공된 에라스무스 다리(Erasmus Bridge)로 연결된다. 1847년에 문을 연 로테르담 중앙역은 2014년에 재건축했다.그림 26

그림 26 **로테르담 에라스무스 다리와 중앙역**

그림 27 **로테르담 항구**

14세기에 로테르담 항구가 열렸고, 19세기에 북해와 라인 강이 수로로 연결되었다. 독일 루르를 비롯해 라인 강변에서 생산되어 북해로 운반되는 물자는 모두 로테르담을 거치게 된 것이다. 최전성기는 1962-2004년 기간이었다. 현재는 전 세계 10위 항구다.그림 27 1970년대에 외로포르(Europoort)가 건설되면서 로테르담은 더욱 활성화되었다.그림 28

제2차 세계대전 때 도심이 거의 파괴되었다. 1449-1525년에 건설한 성 로렌스 교회는 전후 복원했다. 전후 로테르담은 완전히 복구되어 오히려 현대건축물의 보고라는 평을 들었다. 로테르담에는 352개의 고층건물이 있고 이 중 36개가 100m이상이다. 2010년에 문을 연 44층짜리 마스토렌(Maastoren) 건물은 165m다. 2013년에 건축한 호텔·오피스·아파트 빌딩 드 로테르담(De Rotterdam) 등은 로테르담 스카이 라인을 바꿔 놓았다. 고층건물은 뫼즈 강, 특히 Kop van Zuid 근처에 많다. 로테르담은 뫼즈 강의 맨해튼(Manhattan at the Muese)이라 불린다.그림 29 1977년에 세운 주거용 큐브 하우스(Cube House)가 있다.그림 30 2014년 문을 연 실내시장(Markthalll)은 상업·주거·사무용 건물이다. 1966년에 건설한 콘서트·컨벤션 빌딩 드 엘렌, 1971년에 문을 연 복합 문화단지 로테르담 아호이도 독창적이다.

로테르담은 교역과 관련된 여러 산업이 발전했다. 1872년 시작한 소비재 업체 unilever, 자산 관리 Robeco, 에너지 Eneco, 준설선 Van Oord, 터미널 운영 Vopak, 상품무역 Vitol, 상품거래 Glencore, 물류 Stolt-Nielsen, 전기정비 ABB Group 등의 본사가 있다.

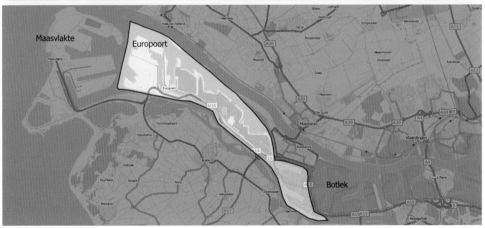

그림 28 **로테르담 항구와 외로포르 위성사진**

그림 29 **로테르담 마스토렌과 드 로테르담**

　로테르담은 1469년 에라스무스가 출생한 곳이다. 1521년 잠시 그가 살았던 집을 에라스무스 박물관(Erasmus House)으로 개조했다. 그의 이름을 딴 에라스무스 대학교, 에라스무스 다리 등이 있다. 세계 에스페란토어협회본부가 있다. 로테르담은 2001년 유럽의 문화수도로 선정됐다. 로테르담 인구의 거의 절반이 이민자 배경을 갖고 있다.

　네덜란드는 바다를 메꾸고 탄탄한 방조제를 쌓아 땅을 만들어 국토를 확장했다. 쌓은 방조제 안의 바닷물을 퍼내고 민물을 넣는 데 풍차는 절대적이었다. 수도 암스테르담이나 관문도시 로테르담 등은 댐을 만들어 도시를 만든 사례다. 무른 땅을 농목업 농지로 바꾸어 세계적인 농목업 국가로 일어섰다. 국화(國花) 튤립은 네덜란드 화훼산업과 농목업의 상징이다. 네덜란드 꽃은 세계인의 선호품목이고 낙농제품은 세계인의 먹거리다.

15세 이상 인구의 89%가 영어를, 70%가 독일어를, 29%가 불어를, 5%가 스페인어를 구사한다. 네덜란드는 제조업 · 식품 · 금융 · 서비스 등에서 부를 창출한다. 네덜란드 1인당 GDP는 58,003달러다. 노벨상 수상자는 22명이다. 국민적 단결과 기독교 신앙으로 스페인과 싸워 독립을 쟁취했다. 오늘날 기독교는 38.5%에 그친다.

그림 30 **로테르담 큐브 하우스**

암스테르담은 네덜란드의 수도이고, 해운 · 항공 · 철도 등의 교통기능과 3차 산업이 활성화되어 있다. 헤이그는 입법 · 사법 · 행정 3부와 관련 국가기관이 입지한 정치행정 중심지다. 세계 여러 국제기구가 유치되어 있다. 로테르담은 유럽의 관문도시다. 라인 강 · 마스 강 · 스헬더 강 삼각주에 위치해 해운 · 하운 교역이 활발하다. 제2차 세계대전 때 도시가 거의 파괴되었으나, 새로운 현대 건축물이 들어서 <뫼즈 강의 맨해튼>이라는 별명을 얻었다.

II

중부유럽

04
독일

05
오스트리아

06
스위스

4

독일 연방공화국

게르만과 라인 강

▌ 01 통일과 재통일

　　독일통일 German unification
　　독일재통일 German reunification

▌ 02 과학과 '사람'이 있는 나라

▌ 03 독일의 수도 베를린

▌ 04 라인 강이 흐르는 도시

▌ 05 지방중심도시

　　한자도시 함부르크
　　바흐도시 라이프치히
　　마을도시 뮌헨
　　환경도시 프라이부르크
　　바람길 도시 슈투트가르트

그림 1 **독일 지리**

01 통일과 재통일

독일(Germany)의 공식명칭은 독일 연방공화국(Bundesrepublik Deutschland, Federal Republic of Germany)이다. 독일은 357,386km² 면적에 83,020,000명이 산다. 독일을 관통하는 라인 강(Rhine River)은 독일을 대표하는 생명줄이다. 유럽 중앙에 위치하며, 프랑스, 스위스, 네덜란드, 오스트리아, 폴란드와 접해 있다. 독일의 기후는 대륙성 기후이나, 일부 지역은 해양성 기후다.그림 1

고대로부터 게르만족이 사는 독일은 게르마니아(Germania)로 불렸다. 4세기 말 훈족이 침공해와 게르만족은 대이동을 하게 됐다. 이들 가운데 용맹했던 프랑크인은 서부유럽에 프랑크왕국을 세웠다.

독일통일 German unification

독일의 역사는 카를대제부터 살펴볼 수 있다. 독일의 카를대제(재위 768-814)는 불어로 샤를마뉴(Charlemagne), 라틴어로 카롤루스 대제(Carolus Magnus)라 한다. 그는 독일과 프랑스 군주의 시초다. 그는 대부분의 서유럽을 정복했다. 게르만족을 하나의 국가인 프랑크 왕국과 하나의 종교인 그리스도교로 통일시켰다. 이탈리아의 영토 일부를 교황에 헌납하여 800년 서로마 황제에

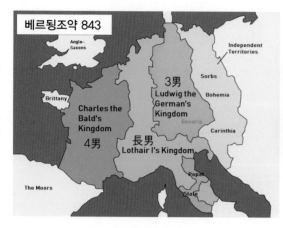

그림 2 **베르됭조약과 메르센조약**

올랐다. 이것은 황제권과 교황권의 제휴로 이어졌다. 그는 게르만 민족정
신, 그리스도교, 고전문화 등을 통합해 카롤링거 르네상스 시대를 열었다.
그는 유럽의 정체성을 확립하여 <유럽의 아버지>라고 평가되었다.

　카를대제의 아들인 루트비히(Ludwig) 1세는 신앙심이 깊었다. 그가 죽자
프랑크왕국은 세 아들에 의해 나뉘었다. 세 아들은 843년 베르됭조약(Treaty
of Verdun)을 체결했다. 첫째 아들 로타르 1세는 중 프랑크를, 셋째 아들 루트
비히 2세는 동 프랑크를, 넷째 아들 카를 2세는 서 프랑크를 차지했다. 로타
르 1세가 죽은 후 870년 루트비히 2세, 카를 2세, 그리고 로타르 1세의 아들
루이 2세는 메르센조약(Treaty of Mersen)을 체결하여 국경을 조정했다. 중 프
랑크의 로트링겐 지방은 동·서양 프랑크에 분할해 부여되었다. 루이 2세
는 이탈리아를 통치하게 되었다. 이 조약 이후 동 프랑크는 독일로, 서 프랑
크는 프랑스로 성장했다.그림 2

　독일의 역사는 여러 관점에서 나눌 수 있다. 여기에서는 독일 통일과 재
통일의 시각에서 몇 단계로 나누어 고찰하기로 한다.그림 3

918년 하인리히 1세가 독일 왕(King of the Germans)이 되면서 동 프랑크 왕국(843-918)은 독일왕국(918-962)으로 발전했다. 936년에 그의 아들 오토 1세가 독일 왕을 이었다. 오토 1세는 주교와 수도원에 토지를 기증했다. 성직자에게 봉건 영주의 작위를 수여했고 왕과 성직자가 결속되었다. 962년 오토 1세는 교황에게서 신성로마제국의 황제칭호를 받았다. 신성로마제국은 Holy Roman Empire로 표기된다. 신성로마제국의 황제는 독일왕을 겸했다. 1039년에 독일왕은 로마왕으로 불렸다. 독일은 962년부터 1806년까지 844년간 존속한 신성로마제국의 구성국이었다. 신성로마제국의 황제는 카를대제가 서로마황제에 오른 800년을 시작으로 보기도 한다.

❶ 독일 왕국 (843–918)(918–962)
❷ 신성로마제국 구성국 (800/962–1806)
❸ 독일연방 (1815–1866)
❹ 독일제국 (1871–1918)
독일 통일(German unification)
❺ 바이마르 공화국 (1918–1933)
❻ 제3제국 (1933–1945)
군정 통치 (1945–1949)
서독 (1949–1989) 동독 (1949–1989)
❼ 독일연방공화국 (1990–)
독일 재통일(German reunification)

그림 3 **독일 약사(略史)**

가톨릭은 중세에 이르러 권력화 되면서 부패해졌다. 성 베드로성당의 개축을 위해 면죄부를 판 것이 대표적 예다. 신학교수로 활동하는 마르틴 루터(1483-1546)는 로마 가톨릭의 부패에 대해 거침없이 비판했다. 그는 1517년 10월 31일 비텐베르크 만인성자(萬人聖者)교회(All Saints'Church) 문에 95개 테제를 붙여 당시 면죄부 대량세일을 하는 가톨릭 수사 요한 테첼과 맞섰다. 만인성자교회는 성채(城砦)교회(Schlosskirche)라고도 한다. 1521년 보름스(Worms) 회의에 불려갔다. 그는 구원이란 오직 성경, 믿음, 은혜로 가능하다고 외쳤다.

그의 부르짖음은 종교개혁(Reformation)으로 발전했고 급기야 30년 전쟁을 촉발시켰다.그림 4 루터 이후의 신학사상은 16세기에 오직 성경(sola scriptura) 등 다섯 가지 solas로 정립되었다. 오늘날 전 세계 개신교의 뿌리가 되었다.

30년 전쟁은 1618-1648년 기간 동안 독일에서 전개된 종교전쟁이다. 30년 전쟁은 종교자유를 외친 프로테스탄트의 개신교 세력과 이를 받아들이지 않으려는 가톨릭 세력과의 싸움이었다. 처음에는 종교 갈등으로 시작됐다. 나중에는 패권전쟁으로 바뀌어 유혈 전쟁으로 확대되었다. 스웨덴의 구스타브 2세 아돌프의 활약이 있었다. 피비린내 났던 30년 전쟁은 1648년에 끝이 나고 베스트팔렌 조약으로 마무리되었다. 독일 뮌스터 시청에서 회의가 진행됐다.그림 5 동 조약에서 개인의 종교자유가 보장됐다. 1555년 아우크스부르크 회의에서 부인되었던 칼뱅파와 루터파 개신교가 승인되었다.

30년 전쟁 후 유럽은 크게 바뀌었다. 가톨릭 국가 스페인은 네덜란드를 잃었고 서유럽의 주도적 입지도 상실했다. 프랑스는 유럽 강대국으로 부상했다. 스웨덴은 발트해의 지배권을 장악했다. 스위스와 네덜란드는 완전한 독립국으로 승인받았다. 신성

그림 4 **마르틴 루터와 비텐베르크 만인성자교회의 95개 테제**

로마제국은 약 300여 개의 자잘한 영방국가(領邦國家, member states)로 바뀌었다.

독일의 여러 도시와 공국은 30년 전쟁을 치르면서 처참하게 무너졌다. 30년 전쟁 동안 사망한 독일인은 무려 800만 명이었다. 당시 전체 인구의 1/3에 해당했다. 살아남은 2/3도 힘들었다. 30년 전쟁 후 신성로마제국은 51개의 자잘한 자유 제국 도시(free imperial cities)들로 이루어진 소국으로 전락했다.그림 5 1648년부터 100여 년 동안 독일은 유럽 내에서 뚜렷한 정치 세력으로 떠오르지 못했다.

종교적으로 유럽은 개신교, 가톨릭, 정교회, 유니테리언, 재세례파 등의 종교가 공존하는 지역으로 변화되었다. 독일 북부지역은 로마 가톨릭과 분리되어 개신교 지역으로 변모됐다. 2011년 센서스에 의하면 독일은 가톨

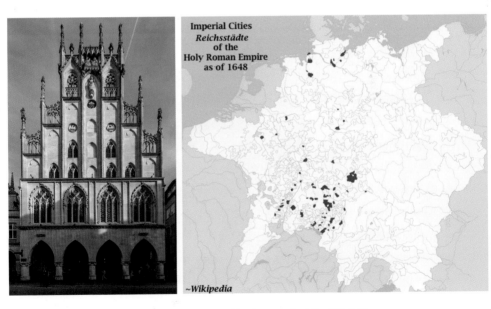

그림 5 베스트팔렌 조약 회의장 독일 뮌스터 시청과 1648년 이후 제국도시

릭 31.2%, 복음주의 루터교 30.8%, 복음의 자유교회 0.9%, 다른 기독교인 2.6%, 정통 기독교 1.3% 등 기독교가 66.8%였다. 독일은 가톨릭과 개신교가 함께 공존하는 기독교 국가다.

1806년 나폴레옹이 침공해 와 신성로마제국은 무너졌다. 선제후 중심으로 운영된 정치연방체 신성로마제국의 마지막 황제는 프란츠 2세였다. 그러나 신성로마제국 왕가는 1918년까지 존속했다. 나폴레옹은 1806년 프랑스와 프로이센 및 러시아와의 완충지대에 라인동맹(Rheinbund)을 만들었다. 라인동맹은 1815년 빈 회의 후 해체되었다.

1815년 빈회의(Wien Congress)가 열렸다. 해체된 신성로마제국을 대체하는 독일어권 국가들의 문제를 조정하기 위한 회의였다. 빈 회의에는 총 39개 국가들이 참여하여 독일연방(German Confederation)이 결성되었다.그림 6

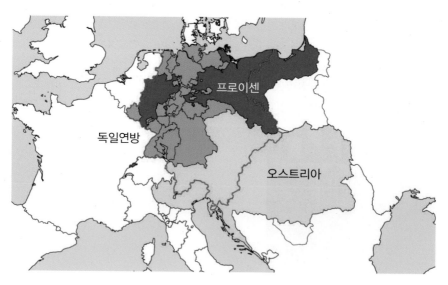

그림 6 **독일연방**

그림 7 **프리드리히 2세와 비스마르크**

1701년 브란덴부르크 호엔촐레른家의 선제후 프리드리히 빌헬름이 프리드리히 1세로 즉위하여 프로이센 왕국(Preussen, Prussia, 1701-1918)을 열었다. 프로이센은 상비군(常備軍)과 징세(徵稅)의 관료제도로 왕권을 유지했다. 1740년 프로이센에 프리드리히 2세가 취임했다. 그는 프리드리히 대왕으로 불렸다. 그는 1740년부터 1786년까지 46년간 집권했다. 그는 석탄과 철이 풍부한 슐레지엔과 서 프로이센을 점유했으며, 감자를 식량(食糧)으로 만들었다. 프로이센은 강대국이 되었다. 프리드리히 대왕 이후 70여 년이 지난 1862년 프로이센 왕국에 오토 폰 비스마르크(재임 1862-1890)가 등장하면서 독일은 새로운 국면을 맞았다.그림 7

독일연방의 맹주는 프로이센과 오스트리아였다. 1866년 두 나라는 프로이센-오스트리아 패권 전쟁(보오전쟁)을 일으켰고 프로이센이 승리했다. 오스트리아가 패해 이 연맹에서 축출되었다. 보오전쟁 후 1866년에 이르러 프로이센 왕국 중심으로 북독일연방이 설립되면서 독일연방은 붕괴됐다.

1870년 프로이센-프랑스 전쟁인 보불전쟁에서 프로이센이 승리했다. 독일통일이 이루어졌다. 1871년 독일제국(Deutsches Kaiserreich, German Empire, 1871-1918)이 수립되었다. 독일제국이 수립된 것을 독일통일(German unification)이라 한다. 1871년 빌헬름 1세는 프랑스 베르사유궁전에서 황제취임식을 가졌다.그림 8 독일제국은 프로이센 왕국이 중심이 된 연방 형태였다. 프로이센 왕국은 독일제국 면적의 3/5을 점유했다. 인구도 독일제국 전체의 2/3에 달했다. 독일제국의 주요 구성국이었던 프로이센은 1918년에 해산되었다. 독일제국은 아프리카 식민지와 보호령 등을 확보했다.

독일통일 과정에서 비스마르크의 역할은 컸다. 그는 1862년 프로이센 수상이 되었다. 그는 철혈정책으로 덴마크, 오스트리아, 프랑스를 제압하고 1871년 독일제국의 통일을 이룩했다. 보불전쟁(1870-1871)에서 승리하여 나폴레옹 3세를 포로로 잡았다. 그는 독일제국의 수상으로 1890년까지 독일과 오스트리아를 동맹관계로 맺는 등의 외교관계를 수립하여 프랑스를 견제했다. 아프리카 독일 식민지를 획득하는 데에도 공헌했다.

그림 8 **독일제국 빌헬름 1세 취임(베르사유 거울의 방)**

독일재통일 German reunification

1914년 6월 28일 발칸반도 보스니아-헤르체고비나에서 터진 사라예보 사건(Sarajevo Incident)으로 제1차 세계대전이 발발했다. 제1차 대전은 1917년 독일 잠수함이 미국 상선을 공격하면서 확전되었다. 독일제국, 오스트리아-헝가리제국, 오스만 제국 등은 동맹국(Alliances)을 결성했다. 이에 대항하여 대영제국, 프랑스, 러시아제국, 이탈리아 왕국, 일본제국, 미국은 연합국(Ententes)을 형성했다.

제1차 세계대전이 진행되는 1918년 10월 독일 해군 지도부는 자칫 죽을 수도 있는 공격명령을 내렸다. 이에 독일 수병들은 스스로의 목숨을 구해야 한다고 결의하여 11월 3일 킬 항구에서 봉기(Kiel mutiny)했다. 이 봉기에 노동자들이 호응하여 노동자-병사 소비에트가 구성되면서 독일혁명으로 발전됐다. 혁명은 요원의 불길처럼 독일 전역으로 확산되었고, 베를린에도 번졌다. 1918년 11월 9일에 빌헬름 2세는 네덜란드로 망명했다. 독일은 1918년 11월 11일 연합국에 항복했다. 1918년 11월 15일 독일제국이 무너지면서 공화국이 선포되었다. 400여 년에 걸친 호엔촐레른가의 프로이센 지배는 종료되었다.

제1차 세계대전은 990만 명의 사상자를 냈다. 1919년 6월 28일에 베르사유 궁전 거울의 방에서 종전을 선언하는 베르사유 조약이 체결됐다. 독일제국은 패전국으로 전락했다. 독일은 식민지를 잃었고 많은 전쟁 배상금을 물어야 했다. 더욱이 알자스-로렌 지방을 프랑스에 반환해야 했다. 유럽의 독일, 오스트리아-헝가리, 러시아, 오스만 제국들은 해체됐다. 전쟁을 막기 위해 국제연맹이 탄생됐다.

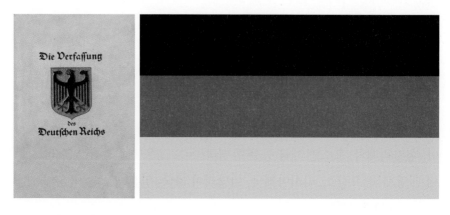

그림 9 **바이마르헌법과 독일 국기**

　1919년 1월 19일 독일에서 총선거가 실시되어 바이마르공화국(1919-1933)이 출범했다. 1919년 8월 11일에 국민주권, 국민기본권을 규정한 민주헌법 바이마르헌법이 반포되었다. 그러나 48조에 대통령의 긴급명령권을 부여하여 히틀러에게 독재의 길을 터준 흠을 남겼다. 1840년대부터 독일에서는 흑적금(黑赤金)의 3색기가 쓰였다. 1919년 바이마르 공화국 때 이 3색기를 국기(國旗)로 지정했고, 1949년 5월 23일에는 연방기로 지정됐다. 연방독수리 국가문양 국기는 1950년에 채택됐다.그림 9 1796년 하이든이 작곡한 황제4중주에 1841년 팔러슐레벤이 가사를 붙여 독일국가(Deutschlandlied)가 불렸는데 1922년 국가(國歌)로 선포됐다. 공화국은 베르사유조약에서 요구한 군비 축소를 거의 하지 않았다. 배상금도 일부만 보상했다. 그러나 1929년의 미국 대공황의 여파로 경제가 무너졌다. 사회적 혼란이 뒤따르면서 바이마르공화국은 1933년에 끝났다.

　이후 히틀러가 등장했고 1938년 오스트리아를 합병했다. 그는 아리안 족 우월주의를 내세우며 중앙집권적 전체주의 나치 국가인 제3제국(1933-1945)을 세웠다. 나치 독일은 신성로마제국을 제1제국(962-1806), 독일제국을 제2

제국(1871-1918), 나치 지배체제를 제3제국이라 일컬었다. 그는 1935년 베르사유조약을 파기했고, 미국의 뉴딜정책을 모델로 대규모로 공공사업을 일으켰다. 다임러 벤츠나 크루프 등 군수산업을 확대했으며, 고속도로인 아우토반을 건설했다. 베르사유 조약으로 잃었던 자르 지방과 라인란트를 회복했다. 제2차 세계대전 중 나치는 유라시아 상당 지역을 점유했다. 그러나 1945년 4월 30일 히틀러와 부인 에바 브라운이 자살했다. 1945년 5월 베를린이 함락되어 제3제국은 멸망했다. 1945년 5월 7일 프랑스 랭스에서 독일의 알프레드 요들이 항복문서에 서명했다. 제2차 세계대전과 나치학살로 유럽에서 5천만 명에서 7천만 명이 사망했다. 제2차 세계대전 동안 독일은 약 5,690,000명이 희생되었다. 소비에트 연방은 약 2,900만 명이 사망한 것으로 집계됐다.

1945년 5월 8일부터 연합국 독일 점령지역에 군정통치(1945-1949)를 실시했다. 군정통치는 영국, 프랑스, 미국, 소련 등 4개국이 관할했다. 1945년 8월 2일 영국·미국·소련 연합군 지도자들이 포츠담 협정(Potsdam Agreement)

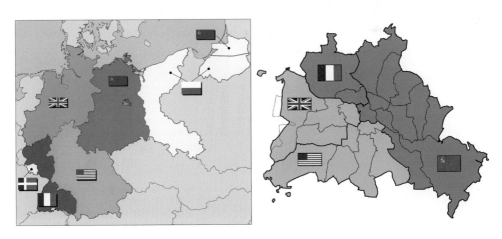

그림 10 **서독, 동독과 서베를린, 동베를린의 군정통치**

에 서명했다. 동 협정으로 독일은 강제로 분단되었다. 독일의 동쪽 경계지역은 1937년의 오데르-나이세 선으로 제한했고, 서부의 알사스 로렌은 프랑스에게 반환되었다. 오데르-나이세 선 동쪽은 폴란드와 소련에게 양도되었다. 미국·영국·프랑스가 서독을, 소련이 동독을 점령했다. 서독은 1949년 5월 독일연방공화국으로 독립했으며, 동독은 1949년 10월 독일민주공화국으로 독립했다. 베를린은 서베를린과 동베를린으로 양분됐다. 서독수도는 본으로, 동독수도는 동베를린으로 정했다.그림 10

미국 국무장관 마셜은 마셜 플랜으로 유럽부흥계획을 제창했다. 유럽을 부흥시켜 공산주의 확산을 막는 것이 목적이었다. 1948년부터 4년간 현재

그림 11 **베를린 제국의회 앞 독일 재통일 국기 게양**

가치로 약 1300억 달러를 원조했다. 유럽의 경제력은 전쟁 전 수준으로 회복되었다. 마셜플랜은 라인강의 기적이라고 불리는 독일재건의 원동력 가운데 하나가 되었다.

1969년 수상인 된 빌리 브란트는 1970년 12월 7일 피해국가 폴란드 바르샤바를 방문해 전쟁희생자 비석 앞에서 무릎을 꿇었다(Knifall von Warschau). 2000년 폴란드 게토 메모리얼에 브란트의 무릎꿇은 모습을 기념했다.

1974년에는 서독과 동독이 외교관계를 수립했다. 1985년 소련의 미하일 고르바초프는 페레스트로이카를 천명해 개혁과 개방을 허용했다. 1989년 10월 이후 동독정부에 대항하는 많은 데모와 기도가 진행됐다. 여러 협상이 이뤄졌고, 1990년 10월 3일 동독의 독일민주공화국 주들이 서독의 독일연방공화국으로 들어와 통일됐다. 이를 독일 재통일(German reunification)이라 한다. 독일 재통일을 기념하여 베를린 제국의회 앞에 독일국기가 게양됐다.그림 11

독일통일은 두 가지다. 하나는 1871년 이루어진 독일제국의 통일이고, 다른 하나는 1990년의 동서독을 합쳐 이룬 독일연방공화국 통일이다. 전자는 독일통일로, 후자를 독일재통일로 구분한다.

그림 12 **독일 관세동맹(Zollverein)**

02 과학과 '사람'이 있는 나라

독일은 통일과 재통일 등 수많은 굴곡 속에서도 어떻게 이를 이겨내고 세계 상위권 국가로 우뚝 설 수 있었을까? 그것은 산업과 환경, 문화와 종교가 튼튼히 받쳐주었기에 가능했다고 생각된다.

오늘날 독일의 GDP 경제력은 세계 4위이고, 세계 최대의 자본수출국이다. 독일은 물리학·수학·화학·공학 등 과학분야에서 우수하다. 독일의 노벨수상자는 111명이다. 독일의 과학은 산업·대학·막스 프랑크 연구소 등과 연계하여 산업수준을 끌어 올린다. 독일은 청정 환경의 산업을 지향한다. 독일은 시인과 사상가(Dichter und Denker)의 나라로 불리는 문화국가다. 분야별로 세계적인 인물이 다수 배출됐다. 종교개혁을 통해 국민의 66.8%가 기독교를 믿는 기독교국가다. 독일어는 세계에서 12번째로 널리 쓰인다.

독일은 프랑스대혁명과 나폴레옹의 영향을 받았다. 행정제도를 개혁하고 농노제를 폐지해 경제적 기회균등을 도모했다. 1834-1853년간 프로이센을 중심으로 관세동맹(Zollverein)을 맺어 독일 산업혁명에 불을 당겼다.그림 12 여러 영방은 공통의 관세율로 교역을 활성화했다. 각 영방의 인구비율로 관세수입을 분배해 독일 국민경제의 기초를 쌓았다.

독일의 산업혁명은 영국에 비해 다소 늦었다. 그러나 정부가 직접 산업육성정책에 나섰다. 중화학 공업, 섬유공업, 기계공업 등을 집중 육성했다.

국가주도의 산업혁명은 철도, 도로, 항만, 운하 등의 하부구조(infrastructure)를 건설하면서 내실을 기했다. 독일 산업혁명은 1873년까지 계속되었다.

독일 산업혁명의 결정체는 1835년의 철도 교통산업 육성이었다. 관세동맹지역이 철도로 연결됐다. 기관차와 여러 기계생산은 선철생산을 급속도로 발전시켰다. 자국제품이 철로에 의해 수송되었다. 철도산업은 금속공업발전으로 이어졌다. 철의 소비량이 증대되면서 석탄생산도 격증했다. 증기기관은 루르(Ruhr) 지역 석탄산업의 길을 열어주었다.

농업기술의 진전으로 영양실조와 기근이 줄었다. 의학기술이 발달해 유아사망률이 낮아졌다. 1840년부터 30년간 240만 명이 미국으로 이민을 갔다. 외국인이 들어와, 독일연방은 독일인, 덴마크인, 벨기에인, 체코인, 이탈리아인, 폴란드인, 네덜란드인 등으로 구성된 다민족 국가가 되었다. 산업화가이루어지면서 이촌향도(離村向都)에 의해 도시인구가 크게 늘었다. 프로이센동부지방에서는 대규모 농장을 운영하는 융커(Junker) 등의 상류층이 형성됐다. 슐레지엔과 루르에서는 산업화로 자본을 갖춘 부르주아 중산계급이 등장했다. 이들은 귀족들과 화합해 자신들의 재산을 안정적으로 관리했다. 오늘날 독일 산업은 세계적 수준으로 올라섰다. 현대 기술력의 상징인 자동차산업에서 두드러진다. 벤츠, BMW, 아우디, 폭스바겐 등이 독일 자동차다. 벤틀리, 부가티, 람보르기니 등 슈퍼카는 폭스바겐 산하에서 생산된다. 롤스로이스는 BMW 산하에서 독일기술로 만든다. 기계산업 라인메탈, 티센크루프, 전자산업 지멘스, 로봇산업 쿠카, 화학 산업 바스프, 광학렌즈산업 칼 차이스, 로덴스톡 등은 세계적이다. 세계대전으로 무기산업도 발달했다. 독일은 제조 핵심 생산기지를 자국 내에 두는 것을 원칙으로 하고 있다. 독일은 21세기에 이르러 제조업, ICT, 4차 산업의 융합을 도모하고 있다.

독일을 지탱해주는 또 하나의 축은 환경관리다. 환경관리는 20세기에 이

그림 13 **괴테의 이탈리아 여행**

르러 본격화 되었다. 프랑크푸르트 시장인 아디케스(Franz Adickes)가 초안을 작성한 이른바 「아디케스법」(1902)이 환경관리의 전기를 만들었다. 동법에 준거하여 독일의 땅은 <사용해서는 안 되는 땅>과 <허가받아야 쓸 수 있는 땅>으로 구분하여 관리한다. 이것은 독일의 전 국토가 내용적으로 <개발이 엄격하게 관리되는 그린벨트 환경>에 해당한다고 해석된다. 독일의 환경관리 의지는 독일의 상당 지역을 검푸른 숲으로 뒤덮이게 하는 결과를 가져왔다. 독일은 1989년에 붕괴된 베를린장벽을 중심으로 동서독 접경지대에 길이 1,400km의 녹색 띠(Grüne Band)를 지정했다.

독일은 문학, 음악, 학문 분야에서 괄목할 만한 인물들을 많이 배출했다. 종교개혁과 프랑스 혁명, 그리고 낭만주의 영향이 문화적 다양성을 만개시켰다.

괴테(Goethe)는 독일문학을 세계적 수준으로 끌어올린 고전주의 작가다. 그는 1786년부터 1788년까지 이탈리아 여행을 하면서 작가로서의 변신을 꾀했다. 『젊은 베르테르의 슬픔』(1774), 『이탈리아 여행』(1816-1817), 『파우스트』(1831) 등의 작품을 발표했다. 나폴레옹은 1808년 10월 2일 에르푸르트와 6일 바이마르에서 괴테를 두 번 만났다. 그는 "여기도 사람이 있네."라는 말로 괴테를 칭송했다 한다.그림 13 『호두까기 인형과 생쥐 대왕』(1816)의 낭만주의 작가 호프만(Hoffmann), 『변신』(1916)의 카프카(Franz Kafka), 『데미안』(1919), 『유리알 유희』(1943)의 헤르만 헤세(Hermann Hesse) 등은 독일을 대표하는 세계적 작가다. 쉴러, 피히테, 그림형제 등도 독일을 세계에 널리 알렸다.

종교개혁의 개신교회는 중세 이후의 종교음악을 버리고 새로운 교회음악을 찾았다. 종교개혁가 루터는 코랄이라 불리는 찬송가를 만들었다.

요한 세바스찬 바흐(Bach)는 독일 바로크 음악을 완성한 음악의 아버지로 불렸다. 바흐가 사망한 1750년을 바로크 음악이 끝나는 시점이라고도 한다. 그는 독일음악의 기본을 구축했다. 바흐는 음계와 음정 등을 평균율로 사용해 조성음악의 기둥을 세웠다. 그는 교회를 통해 수많은 칸타타·푸가·토카타를 작곡했다. 헨델(Händel)은 이탈리아·영국 등에서 활동했으며 음악의 어머니라고도 불렸다. 베토벤(Ludwig van Beethoven), 하이든, 모차르트는 빈 고

그림 14 **독일 음악가 바흐, 헨델, 베토벤**

전파를 대표한다. 베토벤은 고전파에서 낭만파로
의 이행을 실천했다.그림 14 바그너(Wagner)는 오페라
를 작곡했고 예술론을 펼쳤다. 브람스(Brahms)는 독
일음악의 전통을 살렸다. 멘델스존, 슈만 등은 독일
음악을 세계에 알렸다.

　1806년 프로이센 프리드리히 빌헬름 3세는 칙령
으로 베를린 훔볼트 대학교를 설립했다. 그는 언어
학자 빌헬름 폰 훔볼트의 제의를 받아들였다. 훔볼
트, 신학자 슐라이어마허, 철학자 피히테 등은 근대
대학 정신을 구축했다. 이들은 정치권력에 구애받
지 않고 교수가 연구하고 학문할 수 있는 곳이 대학
이라는 <대학론>과 <학문론>을 주창했다. 이 대학
은 아인슈타인, 엥겔스, 헤겔, 쇼펜하우어, 그림 형
제 등을 배출했다.

　칸트(Immanuel Kant)는 근대 계몽주의를 부각시켰
고 독일 관념철학의 기초를 확립했다. 헤겔(Friedrich
Hegel)은 정반합(正反合)의 변증법을 구축했다. 헤겔은
독일 관념철학의 칸트, 피히테, 셸링을 계승해 완성
시켰다는 평가를 받았다.그림 15 알렉산더 폰 훔볼트
는 세계답사에서 쌓은 논리를 『코스모스』(1845) 저
작으로 풀어내어 근대지리학을 창설했다. 마르크스

그림 15 **칸트와 헤겔**

는『자본론』(1867) 등을 통해 유물론을 펼쳤다. 막스 베버(Max Weber)는 『프로
테스탄트 윤리와 자본주의 정신』(1905)이 독일 경제건설의 요체였다고 설명
했다.

03 독일의 수도 베를린

베를린(Berlin)은 독일연방공화국의 수도다. 891.85km²에 3,769,000명이 산다. 독일 내 최대도시다. 베를린 시가지를 관통하는 슈프레(Spree) 강은 서부에서 하펠(Havel) 강과 합류한다. 베를린 외곽지대는 호수가 많고 산림이 울창하다. 베를린으로 오는 수운(水運)이 양호하다. 1600년대 후반에 슈프레 강과 오데르 강을 연결해 운하가 건설되었다. 해발고도는 평균 34m이고, 가장 높은 뮈겔베르크 산이 115m다.

1701년 프로이센의 프리드리히 1세가 베를린을 수도로 정했다. 1871년 독일제국의 수도가 되었다. 당시 인구는 826,000명이었다. 1945년 제2차

그림 16 **베를린 중심부 랜드마크**

그림 17 **베를린 대성당과 브란덴부르크 문/토로**

세계대전 후 베를린은 서베를린과 동베를린으로 나뉘면서 베를린 장벽이
세워졌다. 1986년 베를린 장벽에는 자유를 그리는 그래피티가 그려졌다.
1996년 베를린 장벽에는 자유를 찾아 장벽을 넘다 죽은 사람들을 기리는
내용이 있었다. 동베를린은 동독의 수도가 되었고, 서독일의 수도는 본으로
정했다. 동부유럽에 자유의 바람이 불었다. 베를린 장벽이 무너졌다. 1990
년 독일이 통일되었다. 베를린은 통일독일의 수도가 되었다. 오늘날 본에는
일정한 정부기관이 남아 있다.

베를린 중심부의 랜드마크는 프로이센과 독일제국, 독일통일과 독일
재통일의 역사적 내용이 그대로 남아 있다. 티어 가르텐, 제국의회, 베를
린 시청, 베를린 대성당, 전망탑, 브란덴부르크 문, 겐다르멘마르크트 등
이 있다.그림 16

베를린 대성당은 고색창연한 벽면과 웅장한 푸른빛의 돔 지붕으로 1454
년에 건축했다. Berliner Dom 또는 Berlin Cathedral로 표기된다. 르네상
스 바로크 양식으로 지어졌고, 독일에서 가장 규모가 큰 개신교 건물이다.

호엔촐레른(Hohenzollern) 가문의 묘지 용도로 쓰였다.그림 17 브란덴부르크 문 (Brandenburg Gate/Tor)은 베를린의 상징이다. 브란덴부르크 토르는 프리드리히 빌헬름 2세의 지시로 1788년에서 1791년에 걸쳐 만들어졌다. 높이는 26m, 가로길이는 65.5m다. 그리스 아테네에 있는 아크로폴리스 정문 프로필레 아를 모델로 했다. 문 위에 콰드리가(Quadriga)가 있다. 1806년 나폴레옹이 가져갔으나 반환했다. 파리저 광장에 위치한 건축물이다.그림 17, 37 이 문 주변에는 베를린의 최대 도시숲 공원인 티어 가르텐(Tiergarten) 공원이 있다.그림 16

1688년 베를린 겐다르멘마르크트(Gendarmenmarkt) 광장이 조성됐고, 1821년에 콘서트홀(Konzerthaus)이 광장 중앙에 세워졌다. 시인 프리드리히 쉴러 동상이 있다. 1705년에 프랑스 위그노의 프랑스 교회(French Church)가 들어섰고, 1708년에는 독일 개혁교회의 독일교회(German Church)가 세워졌다.

운터 덴 린덴 거리에 근대 대학의 효시인 베를린 훔볼트대학교가 1810년에 세워졌다. 훔볼트 대학 정문 앞에는 이 대학 설립에 공헌한 빌헬름과 알렉산더 폰 훔볼트 형제의 조각상이 있다. 근대 지리학을 출발시킨 알렉산더 폰 훔볼트 조각상 아래 지구를 상징하는 부조가 있다.그림 18 훔볼트대학과 관련된 노벨상 수상자가 55명이다. 비스마르크, 아인슈타인, 헤겔, 마르크스 등이 수학했다. 동베를린이었던 지역은 1970년 이후 상당한 발전을 이뤄 현대도시로 변화되고 있다.

독일 재통일 후 1999/2000년에 베를린이 새 연방수도가 되어 의회 및 정부가 본에서 베를린으로 이전했다. 베를린과 본 사이의 거리는 600km다. 베를린에는 국회·대통령·연방총리 등의 행정기관이 있다. 독일은 내용적으로 베를린과 본 등으로 수도가 나눠진 2극형 국가다.

그림 18 베를린 훔볼트대학교와 훔볼트 형제의 동상

04 라인 강이 흐르는 도시

독일에서 라인 강은 생명의 젖줄이자 국토를 이어주는 동맥이다. 라인 강을 따라가면 독일의 주요 도시들을 만난다. 라인 강은 '흐른다'는 뜻으로 길이가 1,233km다. 독일어로는 Rhein, 네덜란드어로는 Rijn, 프랑스어로는 Rhin, 영어로는 Rhine이라 쓴다. 라인 강의 주요 수로는 스위스 바젤로부터 시작하여 독일을 관통해 흐른 후 네덜란드의 로테르담을 지나 북해로 흘러 들어간다. 라인강의 깊이는 20-25m이고, 평균 강폭은 400m다.

그림 19 **쾰른과 쾰른대성당**

라인 강이 흐르는 독일도시 답사는 하류에서 상류로 올라가는 것이 효율적이다. 루르(Ruhr)는 유럽 최대의 공업지대다. 이곳은 18세기 후반부터 산업화가 진행됐다. 석탄산업과 철강업이 이루어졌다. 라인의 하항(河港) 뒤스부르크, 에센, 보훔, 도르트문트에 이르는 거대 중공업도시가 형성되어 있다. 루르지역은 4,435km² 면적에 5,118,681명이 거주한다. 각 공장에서 나오는 매연은 몇 차례 걸러 하얀 연기가 되어 배출된다.

뒤셀도르프(Düsseldorf)는 라인 강을 타고 대형 선박이 도시 안쪽까지 들어온다. 하천의 수심이 깊어 큰 선박 운행이 가능하다. 라인란트(Rhineland)의 주요 도시다. 라인란트는 라인 강 중류 좌안의 프로이센 령(領) 라인 주(州)를 가리킨다. 넓게는 라인 강 양쪽에 펼쳐진 지역 일대를 말한다. 1871년 보불전쟁 후 독일 프로이센령이 되었다. 1919년 베르사유조약으로 알사스 로렌이 프랑스에 귀속됐다. 라인 강이 상업교통로가 되면서 뒤셀도르프 · 쾰른 · 코브렌츠 · 트리어 등이 번영하였다.

쾰른(Köln, Cologne)은 라인 강 왼쪽 강변에 있다. 405.2km² 면적에 1,061,000명이 산다. 로마시대 식민도시로 출발한 쾰른은 로마식 이름인 콜로니아(Colonia)에서 유래했다. 수운과 교통의 요지다. 라인란트 경제문화의 중심지다. 쾰른대성당(Cologne Cathedral)은 높이 157.38m의 로마네스크 고딕양식 성당이다. 신성로마제국 시절 이탈리아 원정에서 가져온 동방박사(Magi) 3인의 유골함을 안치하기 위해 1248년부터 짓기 시작했다.그림 19 좋은 수질로 제작되는 오드 콜로뉴 향수(Eau De Cologne)는 1709년부터 제작되었는데 나폴레옹이 좋아했다. 2천여 년 전 로마시대 네로(Nero)의 어머니 아그리피나(Agrippina, 15-59)도 쾰른 물을 이용해 향수를 만들어 썼다 한다. 라인강의 기적으로 불리는 2차대전 후 경제건설은 쾰른 출신 독일연방 초대수상 아데나워(재직 1949-1963)가 주도했다. 2대수상 에르하르트(재직 1963-1966)가 뒤를 이었다.

그림 20 **베토벤 생가 기념비**

본(Bonn)은 라인 강변에 위치한 한적한 소도시였다. 지금은 141.1km² 면적에 318,800명이 산다. 1949년부터 1990년 사이 서독의 수도였고, 1900년 독일 재통일 이후 1999년까지 행정도시였다. 1999/2000년에 의회 및 정부가 새 연방수도인 베를린으로 이전한 후 본은 연방도시(Bundesstadt)가 되었다. 본에는 일부 행정기관이 있다. 국제연합 19개 산하단체, 도이체 포스트, 도이체 텔레콤이 본에 있다. 본은 베트벤의 고향이다. 그는 1770년 12월 17일 본에서 태어났다. 1827년 독신으로 오스트리아 빈에서 생애를 마쳤다. 1845년에 이르러 본에 기념비가 세워졌다.그림 20 그는 고전파 음악의 완성자이며 낭만파 음악의 창시자로 평가받았고, 오스트리아의 빈에서 지냈다. 하이든에게 배웠으며 모차르트와 슈베르트를 만났다. 쾰른과 본 사이에는 1932년에 아데나워가 완성한 555번 연방아우토반(Bundesautobahn)이 있다.

라인 강은 코블렌츠(Koblenz)와 빙엔 암 라인 사이에 있는 14km의 라인협곡(Rhine Gorge)을 흐를 때가 가장 아름답다. 빙엔 암 라인은 마인츠-빙엔(Mainz-Bingen) 지역의 한 마을이다. 라인 협곡에는 50여 개의 고성, 수심 깊은 강, 높이 솟은 절벽이 어우러져 절경을 연출한다.그림 21 라

그림 21 **라인 협곡(Rhine Gorge)**

인 강 계곡 가운데 강폭이 좁고 깊은 곳에 132m 높이의 점판암 노두가 형성되어 있다. 이곳은 1824년 하이네가 시로 쓴 로렐라이(Loreley, Lorelei) 언덕이다. 미녀 로렐라이가 연인의 부정을 슬퍼해 이곳에서 몸을 던졌다. 그녀는 아름다운 노래를 불러 뱃사람들을 불러들인 후 암초에 부딪히게 해 물에 빠져 죽게 만든다는 내용이다.그림 22 라인가우 리슬링 루트(Rheingau Riesling-Route)의 비탈진 경사면에서 리즐링 와인이 생산된다.

요하네스 구텐베르크(Johnnes Gutenberg)는 독일 마인츠에서 태어났다. 1450년경 그는 금속 활자를 발명해 인쇄술에 획기적 전기를 마련했다. 그의 새로운 인쇄술은 마인츠에서 전 유럽으로 확산됐다. 1455년에 원색의 라틴어판『구텐베르크 성경』이 출판됐다.

프랑크푸르트(Frankfurt am Main)는 248.3km² 면적에 753,100명이 산다. 라인 강의 지류인 마인 강 연안의 도시이고, 독일에서 5번째로 크다. 베를린,

그림 22 **하이네의 로렐라이 언덕**

함부르크, 뮌헨, 쾰른 다음이다. 유럽중앙은행과 도이체뱅크가 있다. 프랑크푸르트는 런던과 함께 유럽 금융 중심지다. 프랑크푸르트는 제2차 세계대전으로 파괴된 후 신도시로 거듭났다.그림 23

프랑크푸르트는 유럽 중앙에 위치한 교통의 중심지다. 1909년에 개설된 프랑크푸르트암마인 국제공항이 있다. 대규모의 지하 화물수송센터가 가동 중이다. 1888년부터 운행한 프랑크푸르트 중앙역은 유럽철도교통 중심지다. 세계적인 교통의 교차로 기능이 활성화되어 자동차, 서적 등의 국제박람회가 열린다.

프랑크푸르트 구시가지 중앙에 뢰머광장(Römerberg)이 있다. 고대 로마인들이 이곳에 정착하면서 로마인을 뜻하는 뢰머(Römer)라는 이름을 썼다. 광장주변의 구시청사는 1405년부터 시청사로 사용되었다. 18세기 신성로마제국 황제가 대관식 후에 축하연을 베풀었던 곳이다. 구시청사 맞은편에 15세기에 비단상인들을 위해 지은 목조건물 오스트차일레(Ostzeile)가 있다.

1749년 프랑크푸르트에서 요한 볼프강 폰 괴테가 태어났다. 4층으로 된 생가 내부는 20여 개 방이 있다. 1층 부엌에는 키가 작은 어머니가 썼던 사다리 겸용 의자가 있고, 2층에는 음악의 방과 손님맞이 방이 있다. 3층에는 괴테가 태어난 방이 있으며, 4층은 괴테가 집필했던 방이다.그림 24 괴테는 법학공부를 마치고 법률실습을 위해 베츨라 고등법원으로 갔다. 그때 결혼할 사람이 있는 샤를로테 부프를 만나 교제를 신청했으나 거절당했다. 괴테는 이를 토대로『젊은 베르테르의 슬픔』(1774)을 발표해 작가 반열에 올랐다. 1786년에서 1788년 사이에 바이마르 재상 직을 버리고 이탈리아 여행을 떠나 새로운 활력을 찾았다. 1794년 실러(Schiller)를 만난 이후 좋은 우정을 나눴다. 그는 1832년 83세 나이로 바이마르 아이제나흐에서 영면했다.

그림 23 **프랑크푸르트
암 마인**

그림 24 **프랑크푸르트의 괴테 생가**

하이델베르크(Heidelberg)는 네카르 강 연안에 자리 잡고 있는 곡저(谷底)도
시다. 108.83km² 면적에 160,400명이 산다. 루프레히트 3세는 1400년부터
성을 짓기 시작했다. 이후 200년 동안 성이 증축되어 네카르 골짜기가 내려
다보이는 사암 건물이 지어졌다.그림 25 1386년 선제후 루프레히트 1세는 하
이델베르크대학을 세웠다. 16세기 하이델베르크대학은 종교개혁의 보루가
되었다. 이 대학은 오늘날까지 독일 인문학을 대표하는 대학이 되어 있다.
1398년에 완공된 성령(聖靈)교회 등이 있다.

카를스루에(Karlsruhe)는 라인 강 항구와 운하를 통해 연결된다. 1715년 카
를 빌헬름(Karl Wilhelm)이 궁전소재지로 개발했다. 그의 이름의 일부를 따서
도시명이 정해졌다. 1715년 바로크 양식의 요새 계획도시로 지어졌다. 도

시가 반원 모양이고, 거리가 방사상으로 뻗어 부채꼴 도시(fan city)라는 별칭을 얻었다. 173.5km²면적에 313,100명이 산다. 독일 사법부인 연방재판소(Bundesgerichtshof)가 있다.그림 26

슈트라스부르크(Strassburg)는 큰 하항이다. 시의 동쪽에서 라인 강, 론 강, 마른 강을 잇는 운하가 합류한다. 육상교통도 발달해 유럽 전체로 연결되는 교통의 요지다. 이 도시는 유럽 각처에서의 교통이 편리하고 유럽 중앙에 위치해 1952년 유럽의회(European Parliamentary Assembly)가 들어왔다. 이 도

그림 25 **하이델베르크와 네카르 강**

시는 855년부터 독일의 신성로마제국에 속해 자유도시가 됐다. 1681년 루이 14세는 프랑스에 합병시켰다. 1871년 보불전쟁 이후 독일이 점령했다. 1919년 베르사유 조약 이후 프랑스에 속하게 되었다. 프랑스 지명으로는 스트라스부르(Strasbourg)라 한다. 알자스로렌 지역의 중심도시다. 이곳은 보불전쟁에 패해 알자스에서 불어를 다시 배울 수 없게 된 프랑스인들의 처지를 묘사한 알퐁스 도데의 소설『마지막 수업』(1873)의 무대다.

　독일 측 라인 강이 끝나는 지점에 스위스 바젤(Basel)이 나온다. 바젤에는 3국 꼭지점(Dreiländereck)이 있다. 이곳에서 독일, 스위스, 프랑스 3국의 국경선이 만난다.그림 27

그림 26 **카를스루에의 연방재판소 청사**

그림 27 스위스 바젤의 3국 꼭지점(독일, 스위스, 프랑스)

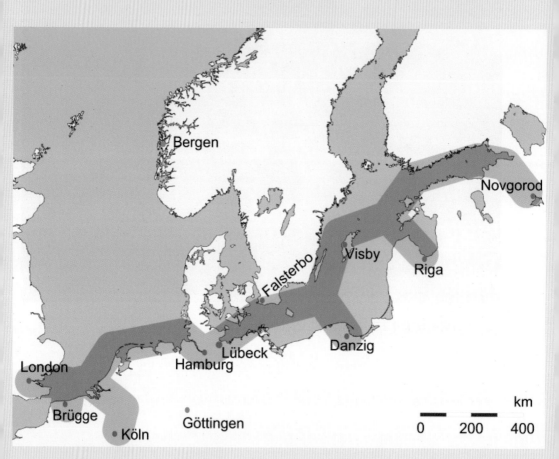

그림 28 한자동맹도시

05 지방중심도시

한자도시 함부르크

함부르크(Hamburg)는 독일 최대의 항구 도시이자 제2의 대도시다. <함부르크 자유 한자 시>가 정식 도시명이다. 755.2km² 면적에 1,822,000명이 산다. 810년경 카를 대제가 교회를 건립하고 이를 수호하기 위해 알스터 강이 엘베 강으로 합류하는 지점에 하마부르크(Hammaburg) 성을 쌓았다. 알스터 강, 빌레 강, 엘베 강이 흐른다. 독일 전체에서 가장 잘사는 부자도시다. 3,000개가 넘는 세계 각국의 회사와 95개의 영사관이 있다. 1952년 제정된 함부르크 헌법에 "자유 한자도시 함부르크는 역사와 지리를 통해 주어진 세계 항구도시로서의 특별한 임무를 수행해야 한다."라는 도시의 세계개방성을 규정하고 있다. 1189년 프리드리히 1세는 함부르크에 항구 특권과 무역 특권을 부여했다. 함부르크는 중세무역도시로 성장했다. 함부르크는 한자 동맹(Hansa-Städtebund)에 의해 뤼베크(Lübeck) 다음으로 중요한 항구 자리를 점유해 번성했다.그림 28 1195년에 성 베드로 교회와 1669년에 성 마카엘 교회(St. Michael's Church) 등이 들어섰다.

1558년에 독일 최초의 증권거래소가 함부르크에 만들어졌다. 1678년에 독일 최초의 오페라극장이 건설되어 헨델과 탈레만이 이곳에서 활동했다.

그림 29 **함부르크 시청과 앨피 콘서트홀**

함부르크는 큰 마찰없이 개신교를 받아들여 종교개혁도시가 됐다. 1767년 함부르크 국립극장이 세워져 북유럽 예술이 활성화되었다. 1842년의 대화재로 도시가 불탔다. 도시 리모델링의 선순환으로 현대 도시로 바뀌었다. 1886-1897년 사이에 지은 함부르크 시청 건물은 랜드마크다. 시청 전면에는 독일황제 20명의 입상이 있다. 내부에는 남녀동상들이 주위를 감싸고 있는 휘기아이아 분수대가 있다. 2017년에 새로운 콘서트홀 엘피(Elphi)를 지어 랜드마크가 되었다.그림 29

함부르크는 햄버거(Hamburger)의 어원이 된 도시다. 17세기 이후 독일 북부지역에서는 고기를 다져 만든 구운 요리(Frikadelle)가 있었다. 19세기에 미국에 정착한 독일 이민자들이 함부르크 스테이크(Hamburg steak)라는 뜻으로 햄버그(Hamburg) 스테이크를 구워 먹었다. 빵 사이에 햄버그 스테이크를 끼워 만든 음식이 오늘날의 햄버거다.

바흐도시 라이프치히

라이프치히(Leipzig)는 슬라브족 거주지로 건설되었다. 도시명칭은 Lipsk에서 유래했다. 슬라브어로 '보리수가 서 있는 곳'이라는 뜻이다. 297.6km² 면적에 560,500명이 산다. 1813년 500,000명이 참여한 라이프치히 전투가 벌어졌으나 나폴레옹이 패배해 몰락했다.그림 30

바흐는 1723-1750년의 27년간 라이프치히 성토마스교회에서 음악감독으로 활동했다. 그는 바로크 음악을 완성했다. 라이프치히에서 영면해 성토마스교회 안에 안장했다. 교회 뜰에 바흐의 동상이 있다.그림 31

그림 30 **라이프치히 전투 기념비**

그림 31 **바흐 동상과 라이프치히 성 토마스교회**

　1165년에 지은 라이프치히 니콜라이 교회(St. Nicholas Church)는 독일 통일의 성지다. 1982년 9월 라이프치히 성 니콜라이 교회에서 퓌러(Christian Führer, 재직 1982-1989) 목사가 <칼을 녹여서 쟁기로>라는 슬로건 아래 월요기도회를 시작했다. 동 교회 기도모임의 연장선상에서 1989년 12월 라이프치히 동유럽혁명이 일어났다. 혁명 뒤 베를린 장벽이 무너지고 독일이 통일되었다.

　1843년 멘델스존이 음악원을 설립해 활동했으며 슈만도 활동했다. 라이프치히 게반트하우스 오케스트가 활동하고 있다.

마을도시 뮌헨

뮌헨(München, Munich)은 '수도자들'을 뜻하는 Munichen에서 유래했다. 베네딕토 수도원이 있었다. 남부 바이에른 주도(州都)다. 베를린, 함부르크에 이어 독일 제3의 도시다. 310.4km² 면적에 1,472,000명이 살고 있다. 뮌헨 대도시권 인구는 6백만 명에 달한다. 1874년부터 짓기 시작한 시청사는 명소다. 1158년부터 마리엔 광장(Marienplatz)은 뮌헨의 중앙광장 역할을 했다. 바이에른은 야트막한 구릉과 평지로 된 지역이다. 이런 연유로 바이에른의 뮌헨에서는 어디서나 주변의 알프스를 볼 수 있다.그림 32 뮌헨은 고층건물이 많지 않아 도시적인 느낌보다는 고풍스럽고 우아한 마을같은 정취가 풍긴다. 뮌헨 사람들은 뮌헨을 백만인 마을도시(Millionendorf)라 한다.

독일인 남자는 레더호젠(Lederhosen)을, 여자는 디른들(Dirndl)을 입는다. 프레첼과 흰 소시지를 안주로 맥주를 마신다. 이러한 전형적인 독일인 이미지는 바이에른 뮌헨에서 유래했다.그림 33 1810년부터 뮌헨에서 맥주축제 옥토

그림 32 **백만인 마을 도시 뮌헨과 알프스**

버페스트(Oktoberfest)가 열렸다. 파울라너, 뢰벤브로이, 호프브로이하우스, 켈러 등은 잘 알려진 독일맥주다.

뮌헨은 음악도시다. 바이에른 방송교향악단, 뮌헨 필하모닉 오케스트라가 활동한다. 뮌헨에 오페라가 상연된 것은 17세기 중엽이었다. 1818년에 뮌헨 국립극장이 세워졌고, 이를 바이에른 국립 오페라 극장이라고 한다. 바그너의『트리스탄과 이졸데』가 1865년에,『뉘른베르크의 명가수』가 1868년에 초연되었다.

자동차 BMW(1916), 전자 Siemens(1847), 상용차 MAN, 전기 OSRAM (1919), 전기 로데 & 슈바어츠, 가스 Linde 등 독일을 대표하는 제조업 본사

그림 33 바바리안 이미지: 레더호젠과 디른들, 맥주, 흰 소시지와 프레첼

가 뮌헨에 있다. Allianz(1890), MunichRE 등 보험회사의 본사도 있다. 뮌헨은 프랑크푸르트에 이어 독일 제2의 금융도시이자 보험산업 중심지로 평가받는다. 일자리가 많은 뮌헨에는 외국인이 53만 명 이상으로 뮌헨 인구의 37.7%다. 경제와 사회제도가 안정되어 있고 범죄율도 낮다.

　뮌헨은 1933년에 나치의 본거지가 되었다. 나치는 1920년 호프브로이 맥주집에서 시작했다. 1920년대 히틀러가 살던 아파트가 있다. 뮌헨은 나치 개혁의 중심지라 했다. 나치당 본부건물을 입지시켰고, 다수의 총통 건물들을 왕의 광장에 지었다. 2015년 나치 기록센터가 문을 열었다. 1972년 하계 올림픽이 뮌헨에서 개최되었다.

환경도시 프라이부르크

프라이부르크(Freiburg)는 1970년대初 빌(Whyl) 방폐장 설치반대 운동을 계기로 환경도시로 변모했다. 방폐장 반대운동을 했던 환경운동은 태양광 운동으로 변했다. 프라이부르크는 국내외 사람들을 상대로 태양광 교육을 실시한다. 태양광을 활용하여 축구장 난방, 태양광을 많이 받는 유리건물을 권장한다.

　프라이부르크 軍주둔지를 재개발한 보봉(Vauban) 지구에는 다수의 태양열 주택을 건축했다. 보봉 주택지구 건설에 참여한 디쉬(Rolf

그림 34 **프라이부르크 디쉬의 태양열주택**

Disch)는 365일 태양광이 들어오는 회전축 태양열 주택 헬리오트롭(heliotrop)을 지어 산다.그림 34 보봉 차량은 태양광을 활용한 공영주차장에 주차하고 가급적 걸어 다니도록 했다. 노면 전차 길을 그린 레일(green rail)로 깔아 친환경을 도모했다. 기존의 나무 등 식생을 그대로 살리는 자연 친화형 주거 단지를 꾸몄다.

바람길 도시 슈투트가르트

슈투트가르트(Stuttgart)는 유럽의 중앙에 입지했다. 207.4km² 면적에 634,800명이 산다. 이 도시는 벤츠(Benz) 자동차의 본거지다. 1886년에 벤츠박물관을 지었다.그림 35 각 공장에서 나오는 매연을 처리하여 시민의 환경을 지키는 일은 슈투트가르트의 주요 시정목표다. 슈투트가르트는 내륙 한복판에 위치해 해안가나 강가의 도시들처럼 자연적인 대기 순환에 의한 매연방출 방법을 활용할 수 없다. 이에 시(市) 안에 바람길국(局)을 설치해 이 문제를 전담하도록 했다. 로이터 박사(Räuter)가 초기부터 바람길(wind corridor) 통로 정책을 수행해 바람길을 세계적인 도시환경정책의 한 방안으로 정립했다. 그는 바람길이 지나가는 순환통로에는 공장이나 건물을 세우지 않고 바람이 통하도록 하는 <The Green U> 바람길 정책을 택했다.그림 36 녹지주차장을 설치해 바람길이 되도록 했다. 철도, 도로 옆은 건물을 짓지 않고 숲으로 조성했다. 슈투트가르트는 독일 검은 숲(Schwarzwald)의 핵심 도시다.

독일은 인종, 종교, 지역성 등의 연유로 통일과 분단, 재통일의 굴곡진 역사를 겪었다. 그러나 게르만 민족, 기독교, 지역분권화 등의 순기능이 작

그림 35 **바람길 도시 슈투트가르트와 벤츠박물관**

동되어 이를 극복하고 오늘에 이르렀다. 여기에는 탄탄한 산업과 환경, 학술·철학·음악 등 풍부하고 내실 있는 문화적 콘텐츠와 종교가 뒷받침된 것으로 해석된다.

독일어는 사용인구 순위에서 세계 12번째인 세계 언어다. 2021년 독일의 1인당 GDP는 51,860달러다. 독일의 노벨상 수상자는 111명이다. 기독교 인구가 66.8%인 기독교 국가다. 특히 독일은 마르틴 루터의 개신교가 태동된 국가로 인류의 정신문화에 영향을 끼쳤다.

베를린은 1701년 이후 독일의 수도다. 분단으로 이루어진 서독수도 본도 남부지역 중심으로 받아들였다. 600km나 떨어진 베를린과 본이 분권하

그림 36 **슈투트가르트의 바람길(wind corridor)**

고 협치한다. 라인 강은 독일인의 생명줄이다. 독일을 관통하는 라인 강을 따라 펼쳐지는 도시는 독일인의 문화적, 역사적, 산업적 삶의 다양성을 꽃 피우고 있다. 함부르크는 한자도시로, 라이프치히는 바흐가 활동했던 도시 로, 뮌헨은 1백만 명 마을도시로 지방정부의 중심지다. 프라이부르크, 슈투 트가르트는 지역 형편에 맞게 환경을 잘 가꾼 도시다.

그림 37 브란덴부르크 문/토르

5

오스트리아 공화국

합스부르크와 모차르트

▌ 01 오스트리아 전개과정

▌ 02 수도 빈

▌ 03 제2도시 그라츠

▌ 04 모차르트의 고향 잘츠부르크

그림 1 **오스트리아 지형 국기(國旗)와 10만명 이상 도시**

01 오스트리아 전개과정

오스트리아 공화국(Republic of Austria)을 오스트리아라 한다. 오스트리아는 동쪽변경의 뜻인 오스트마르크(Ostmark)에서 유래했다. 이는 현대독일어로 외스터라이히(Österreich)가 되었다. 동쪽 제국(Eastern Empire)이라는 의미다. 이를 라틴어화한 것이 Austria다. 오스트리아는 83,879km² 면적에 8,902,600명이 산다. 내륙국이고, 알프스 산지가 국토면적의 3분의 2다. 노이지들러 호, 아터 호, 첼 호 등 호수가 많다. 빈이 수도이며 그라츠, 잘츠부르크, 린츠, 인스부르크 등이 10만 명 이상의 도시다. 오스트리아 국기는 적백적(赤白赤) 문양이다. 1230년 프리드리히 2세가 국기로 채택했다.그림 1

BC 1세기 말에 이 지역에 로마가 들어왔다. 로마 지배 때 게르만계 바바리족(Bavarii)이 정착했고, 이때 기독교가 전파되었다. 티롤지방 라반트(Lavant)에 5세기경의 로마 유적이 있으며, 유적지에 17세기경 교회를 세웠다.

프랑크 왕국은 동방 유목민들에 대한 완충지대로 삼아 이 지역에 변경 주를 설치했다. 오스트리아는 게르만계 바바리족과 프랑크 왕국에 의해 점령 관리되면서 게르만족의 정체성이 형성되었다. 962년 독일과 이탈리아 왕인 오토 1세가 신성로마제국 황제에 올랐다. 그의 아들 오토 2세는 976년 바이에른 공국의 남쪽과 동쪽에 각각 케른텐 공국과 오스트리아 변경백국(Markgraf)을 세워 분리 독립시켰다. 바이에른 공국을 약화시키고자 한 조치였다.

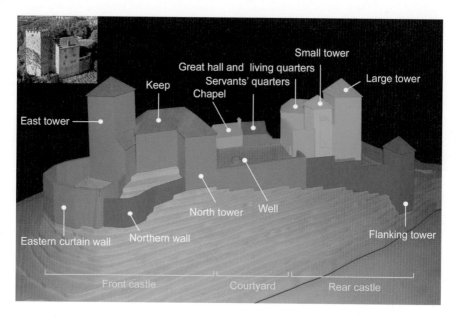

그림 2 **합스부르크성 복원도(스위스)**

■ 적색: 1100년 이전 건설 1600년 소멸.　　■ 남색: 1100–1250년 건설 1600년 소멸.
■ 주황색: 1100년 이전 건설 1600년 존속.　■ 녹색: 1100–1250년 건설 1600년 존속.
　교회 외 녹색, 주황색 건물은 현존(좌측 상단)

　　1156년 신성로마제국 프리드리히1세 바르바로사는 오스트리아 변경백
국을 오스트리아 공국으로 승격시켰다. 오스트리아는 바이에른의 영향으
로부터 벗어났다. 이 시점을 진정한 오스트리아 역사의 시작으로 보기도 한
다. 1180년 케른텐공국에서 슈타이어마르크 공국이 분리됐다. 1192년 오
스트리아 공작 레오폴트 5세 때 슈타이어마르크 공국과 오스트리아 공국이
통합되었다. 오스트리아 공국은 1156년부터 1453년까지 존속했다.

　　합스부르크(Habsburg) 가문이 등장했다. 합스부르크는 10세기경 알사스로
부터 北스위스에 이르는 소영주(小領主)로 출발했다. 1020년경 스위스에 합

스부르크 성채를 세웠다.그림2 1273년 합스부르크 루돌프 1세가 독일(로마) 왕위에 올랐다. 합스부르크는 제1차 세계대전이 끝난 1918년까지 오스트리아를 정치적으로 지배했다.

1356년 신성로마제국 카를 4세가 금언칙서를 공포했다. 이 때 오스트리아 공작 루돌프 4세는 황실증명서「Privilegium Minus」를 위조하여「Privilegium Mainus」로 작성했다. 황실증명서는 1156년 프리드리히 바르바로사 황제가 발행한 증서였다. 이 위조증명서로 오스트리아는 신성로마제국 내에서 특권적 지위를 차지했다. 루돌프 4세는 1369년 티롤 백국을 합스부르크 세습령에 병합했다. 이런 과정을 거쳐 합스부르크 가문은 잘츠부르크를 제외한 현재의 오스트리아 영토를 차지하게 되었다. 100년이 지난후 프리드리히 3세는 선조 루돌프 4세가 위조한「Privilegium Mainus」를 승인했다. 1453년 오스트리아는 공국에서 오스트리아 대공국(Archduchy of Austria)으로 승격했다.

1508년 프리드리히 3세의 아들 막시밀리안 1세(Maximilian 1, 1459-1519)가 신성로마제국 황제로 즉위했다. 그와 그의 후손들은 과감한

그림 3 막시밀리안 1세와 가족

*가족 사진 위 왼쪽부터 막시밀리안 1세, 아들 펠리페 1세, 부인 마리, 아래 왼쪽부터 손자 페르디난트 1세, 손자 카를 5세, 손녀 사위 헝가리 러요시 2세

그림 4 **카를 5세와 그의 아들 펠리페 2세**

결혼정책으로 유럽 각지의 영토를 상속받아 일거에 유럽 중심으로 부상했다.그림 3 합스부르크 가문은 부르고뉴 공국, 네덜란드, 스페인, 슐레지엔, 보헤미아, 서부 헝가리, 크로아티아 영토를 상속받았다.

그러나 합스부르크 제국은 태생적 한계가 있었다. 결혼과 상속을 통해 한 사람의 군주가 동군연합 형태로 여러 나라를 통치했으나, 그 지역 주민들까지 통합하진 못했다. 더욱이 합스부르크 제국의 핵심인 독일계 오스트리아인들은 고정되어 있는데 반해, 제국 전체의 인구가 늘어났다. 그 결과 오스트리아인들의 비중이 20%로 작아졌다. 이런 현상은 제국 통치의 한계로 드러났다. 1556년 막시밀리안 1세의 손자인 카를 5세는 그의 아들 펠리페 2세에게 스페인을 상속시켜 스페인 합스부르크로 분가시켰다.그림 4

1700년경 오스트리아 합스부르크와 스페인 합스부르크는 유럽의 상당 부분을 통치했다.그림 5 그러나 오스트리아는 16세기의 종교개혁, 17세기의 30년 전쟁, 4국 동맹 전쟁(1718), 폴란드 왕위계승전쟁(1735),

오스만 제국과의 전쟁(1737) 등으로 국력이 소모되었다.

1740년 카를 6세는 딸 마리아 테레지아(1717-1780)를 왕위 계승자로 선언하고 사망했다.그림 6 그녀의 취임을 계기로 7년 전쟁(1756-1763)이 터졌다. 1756년 오스트리아는 프랑스, 러시아, 스페인, 스웨덴과 동맹을 만들었다. 프로이센은 영국, 포르투갈과 동맹을 구축했다. 핵심은 오스트리아의 테레지아와 프로이센의 프리드리히 2세와의 전쟁이었다. 동맹국 오스트리아, 러시아, 프랑스 지도자들이 여성들이라 <세 자매의 패티코트 동맹>이라 했다. 전쟁 중 러시아 엘리자베타 여제가 사망했다. 전쟁에 지쳐 동맹국이 철

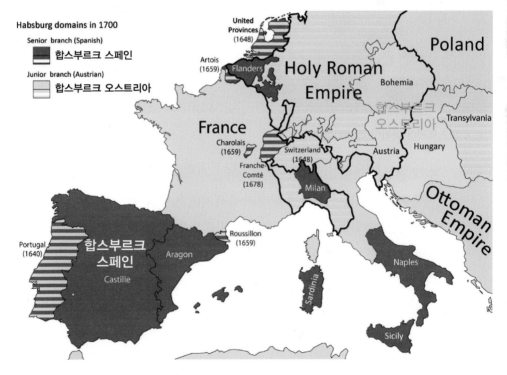

그림 5 **1700년 합스부르크 가문의 통치지역**

그림 6 **오스트리아 마리아 테레지아 여왕**

수해 전쟁은 끝났고, 마리아 테레지아는 부득이 슐레지엔을 포기했다. 프로이센은 오스트리아와 전쟁을 벌여 슐레지엔 지방을 가져간 것이다.

마리아 테레지아는 합스부르크가의 유일한 여성 통치자였고 19세에 결혼했다. 남편 프란츠 1세 황제와 아들 요제프 2세와 공동 통치자로 활동했다. 마리아 테레지아는 16자녀를 낳은 다산의 여왕이었고 남자 5명, 여자 11명이었다. 그들 중 요제프 2세와 레오폴드 2세가 즉위했다. 마리아 테레지아는 오스트리아, 헝가리, 보헤미아, 크로아티아, 밀라노 등지의 통치자였다. 후에 신성로마황후의 지위를 얻었다. 그녀는 1780년까지 40년간 오스트리아를 근대국가로 만드는데 공헌했다.

1789년 오스트리아 합스부르크 군주국(Habsburg Monarchy) 영토는 동부유럽 대부분을 차지했다.그림 7 합스부르크 군주국은 루돌프 1세 아들 알버트와 루돌프 2세가 1282년 오스트리아를 접수하면서부터 1918년 제1차 세계대전이 끝날 때까지 636년간 존속했다. 지속적으로 영토를 넓혀 나간 오스트리아는 본토에만 수천만 명에 달하는 인구가 거주했다.

1804년 나폴레옹이 황제로 등극했다. 이에 신성로마제국 황제인 프란츠 2세는 동군연합 상태였던 합스부르크의 영지를 통합하여 오스트리아 제국(Austrian Monarchy, 1804-1867)을 세우고 스스로 오스트리아 황제 프란츠 1세라 칭했다.

그림 7 **1789년의 합스부르크 군주국**

그림 8 **오스트리아 수상 메테르니히와 빈 회의**

1805년 나폴레옹은 아우스터리츠 전투에서 오스트리아를 크게 이겼다. 1806년 신성로마제국은 해체됐다. 오스트리아는 1809년 아스펜-에슬링 전투와 바그랑 전투에서 또 패해 영토를 할양했다. 그러나 1814년에 이르러 나폴레옹이 패망했다.

1815년에 오스트리아 외교가(外交家) 메테르니히가 등장했다. 그는 빈 회의(Congrss of Vienna)를 통해 독일연방(German Confederation, 1815-1866)의 주도권을 쥐었다.그림 8 독일연방은 신성로마제국 해체 후 만들어진 영방국가들이 회동하여 결성한 정치체제로 39개 국가가 포함되었다.

빈 회의에서 오스트리아는 베네치아 · 롬바르디아 · 달마티아 해안 등을 차지했다. 그러나 독일 남부 영토를 상실했다. 오스트리아는 독일통일론, 오스트로 슬라브주의, 헝가리 독립운동, 이탈리아 카보나리당 움직임을 억눌렀다. 「1848년 혁명」을 방어하면서 제국을 유지했다.

소(小) 독일주의를 내세운 프로이센의 비스마르크가 등장했다. 소 독일주의는 '오스트리아를 배제해야 한다.'는 논리다. 1866년 오스트리아와 프로이센은 <보오전쟁>에서 대결했고, 오스트리아가 패했다. 오스트리아는 독일 내 주도권을 상실했다. 1866년 <보오전쟁>에서 패한 후 오스트리아령 헝가리에서 독립의 움직임이 일어났다. 오스트리아 정부는 헝가리 분리파에게 이중제국을 제안했다. 1867년 오스트리아 정부와 헝가리 분리파 사이에 대타협이 이루어져 오스트리아-헝가리 제국이 건국되었다.

1908년 오스트리아-헝가리 제국은 보스니아를 합병했다. 이 합병은 세르비아의 격렬한 반발을 불러 일으켰다. 급기야 1914년 6월 28일 사라예보 사건(Sarajevo Incident)이 터졌다. 보스니아-헤르체고비나의 수도인 사라예보에서 페르디난트와 그의 아내 소피가 18세 대학생 프린치프에게 암살된 것이다. 페르디난트는 오스트리아-헝가리 제국의 황위 계승자였다. 이 사건은 오스트리아-헝가리 제국·독일 제국과 세르비아 왕국·러시아 제국의 전쟁으로 발전했다. 독일의 침공으로 프랑스와 벨기에, 영국이 뒤엉켜 제1차 세계대전(1914-1918)으로 번졌다. 전쟁은 오스트리아-헝가리 제국

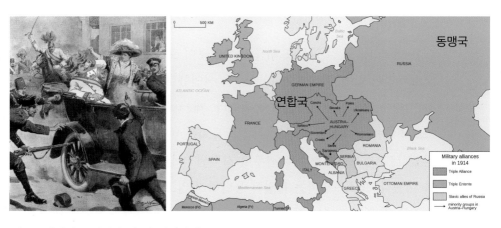

그림 9 **사라예보 사건과 제1차 세계대전**

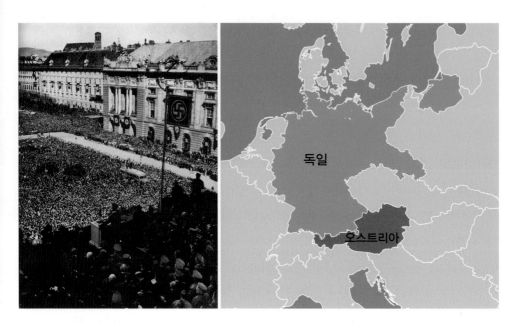

그림 10 **히틀러와 독일-오스트리아 합병**

이 1918년에 패망한 것으로 끝났다.그림 9 1919년 오스트리아 공화국이 건국되어 1934년까지 유지됐다. 1934-1938년간 파시스트 오스트리아 연방국이 있었다.

1938년 3월 12일 아돌프 히틀러 독일군이 오스트리아를 침공하여 독일-오스트리아 합병(Anschluss Österreichs)을 선언했다.그림 10 오스트리아는 독일과 같이 싸운 제2차 세계대전에서 패했다. 제2차 세계대전 후 1945년부터 오스트리아는 신탁통치를 받았다. 신탁통치는 미국, 영국, 프랑스, 소련이 관장했다. 오스트리아는 1949년부터 시작된 마셜 플랜을 바탕으로 경제성장을 이뤘다. 오스트리아는 독일과 통합하지 않고, 영세중립국으로 남는다는 조건을 달고 1955년에 독립했다. 신탁통치 10년의 기간을 끝낸 것이다.그림 11

독립 후 빈은 서부유럽과 동부유럽을 잇는 경제교류지 역할을 했으나, 냉전
이 끝나면서 경제교류지 역할이 약화됐다.

오스트리아의 공용어는 독일어다. 오스트리아는 역사의 우여곡절 속에
서도 정체성을 유지했다. 오스트리아인이 9할에 이른다. 로마가톨릭교인이
73.6%로 종교적 정체성을 간직하고 있다. 로마가톨릭은 1918년까지 오스
트리아 국교였다. 이 나라의 정치체제는 연방공화제의 의원내각제다. 대통
령은 대외 업무를 맡는다. 실질적 국정은 의회에서 관장한다.

오스트리아 노벨상 수상자는 22명이고, 빈 대학교는 11명의 노벨상 수
상자를 냈다. 오스트리아 1인당 GDP는 53,859달러다. 오스트리아는 제철
업 · 금속가공업 · 기계공업을 주력으로 하는 제조업 경제구조다. 제조업이
32%다. 철강 생산은 린츠(Linz)와 레오벤(Leoben) 주변에서 이뤄진다. 1895

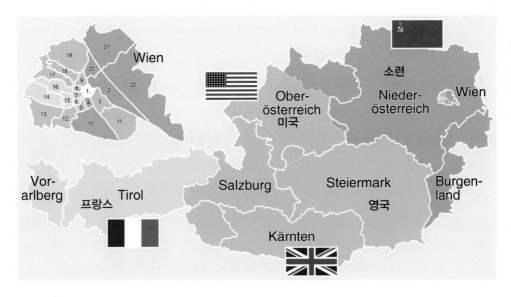

그림 11 **오스트리아의 신탁통치**

그림 12 **모차르트, 하이든, 슈베르트**

년에 창업한 크리스털 가공 스와로브스키(Swarovski), 1866년 문을 연 소방차 제작 로젠바우어(Rosenbauer), 1892년에 세운 스키 곤도라 의자 장비 도펠마이어(Doppelmayr), 1947년에 창업한 오디오 메이커 AKG 어쿠스틱스, 1987년에 시작한 에너지 드링크 레드불(Red Bull) 등의 사업체가 있다. 여러 나라의 방문객들은 자연과 역사와 음악의 도시를 보려고 오스트리아에 온다. 관광업은 오스트리아 GDP의 10%를 차지한다. 무역은 유럽연합에 66%, 중·동유럽에 14%를 수출한다. 전체 산업 가운데 서비스업이 66%다.

오랜 기간 신성로마제국의 중심지였던 오스트리아에서는 음악·건축·미술 등 문화예술 분야가 발달했다. 고전 음악가 모차르트(Mozart), 하이든, 슈베르트 등,그림 12 언어철학자 비트겐슈타인, 물리학자 슈뢰딩거, 미술사가 곰브리치, 심리학자 프로이트, 지휘자 카라얀, 경제학자 하이에크, 아르누보 예술가 구스타프 클림트, 건축가 오토 바그너 등이 배출됐다.

02 수도 빈

빈(Wien, Vienna)은 오스트리아의 수도이고, 도나우 강변에 있다. 414.6km² 면적에 190만 명이 산다. 빈 대도시권 인구는 260만 명이다. 오스트리아 인구의 3분의 1에 해당한다. 빈을 비엔나라고도 하며 뜻은 두 가지로 정리된다. 하나는 백인 거주지를 뜻하는 로마군 주둔지 Vindobona에서 유래했다는 추정이다. 다른 하나는 숲의 흐름을 의미하는 Vedunia에서 나왔다는 설명이다.

BC 15년에 로마군이 이 곳에 캠프를 지어 빈도보나(Vindobona)라고 명명했다. 800년대 후반에 마자르족이 빈을 통치했다. 900년대 후반에 독일 황제군(軍)이 빈을 정복했다. 1150년에는 바벤베르크 가문의 관저가 입지했다. 1273년 이후 빈은 합스부르크 왕가의 중심지로 번영했다. 1279년에

그림 13 **빈의 호프부르크 왕궁**

완공된 빈의 호프부르크 왕궁(Hofburg Palace)은 합스부르크 왕가의 겨울궁전이었다.그림 13 15세기 이후 빈은 신성로마제국의 수도로 발전했다. 1529년과 1683년 두 차례에 걸쳐 오스만 제국군이 쳐들어왔으나 격퇴되었다. 나폴레옹의 프랑스군은 두 번 빈을 공격했다. 제1차 세계대전 이후 1919년 빈은 오스트리아 수도가 되었다. 제2차 세계대전 때 독일군이 빈에 주둔했다. 1955년까지 미국·영국·프랑스·소련이 빈을 점령해 신탁 통치했다.

빈은 음악의 도시다. 독일어권 유명 작곡가들의 활동무대였다. 유수한 음악인들이 빈에서 태어나지 않았더라도 생애의 상당 기간을 빈에서 보내며 수많은 명곡들을 남겼다. 루트비히 판 베토벤은 빈에서 1792년부터 35년 동안 살다가 1827년에 세상을 떠났기 때문에 빈을 <베토벤의 제2의 고향>이라고도 한다. 베토벤 흉상(1812), 동상(1880), 박물관 등이 있다.그림 14

모차르트는 1756년 잘츠부르크에서 태어나 그곳에서 24세까지 살았다. 1782년에 마리아 콘스탄체(1762-1842)와 결혼했다. 그는 잘츠부르크와 빈에서 활동했다. 35년을 일기로 1791년 빈에서 타계했다. 유해가 묻힌 정확한 장소는 알려지지 않았다. 그는 하이든과 함께 빈 고전파(古典派) 양식을

그림 14 **빈의 베토벤 흉상과 동상**

그림 15 **빈 국립 오페라 극장과 빈 필하모닉 오케스트라 로고**

확립했다. 빈의 각종 음악당에서나 거리에서 모차르트의 음악을 만난다. 1787년 모차르트와 베토벤이 빈에서 만났다 한다.

독일 태생의 브람스(1833-1897)는 빈에서 활동했다. 오스트리아 린츠 근교에서 태어난 안톤 브루크너(1824-1896)는 중년기에 빈으로 이주해 교향곡을 작곡하고 오르간을 연주했다. 오스트리아 제국 보헤미아에서 태어난 말러는 빈이 주요 활동무대였다. 아르놀트 쇤베르크 등은 新 빈 학파로 불렸다. 요한 슈트라우스 2세(1825-1899)와 슈트라우스 가족들은 빈을 본거지로 왈츠曲을 남겼다. 헝가리 작곡가 프란츠 레하르는 1905년 빈에서 오페레타 『유쾌한 미망인』을 초연했다.

1842년 창단한 빈 필하모닉 오케스트라, 1969년에 설립된 빈 방송 교향악단(Vienna Radio Symphony Orchestra, RSO)이 활동한다. 1869년에 완공한 빈 국립오페라 극장의 전속 관현악단은 빈 필하모닉이다.그림 15 1898년에 개관한 국민오페라 하우스(Volksoper Wien)에선 매해 300번의 공연이 이뤄진다. 1863

년 빈 중앙묘지(Vienna Central Cemetery)가 시 외곽에 건설됐다. 여기에는 빈에서 활동한 베토벤, 슈베르트, 브람스 등의 음악가들이 묻혀있다. 빈 중앙묘지 가운데 성 찰스 보로메오 묘지교회가 있다.

빈 소년 합창단은 1498년 막시밀리안 1세 칙령에 의해 설립됐다. 파리 나무십자가 소년합창단과 쌍벽을 이룬다. 7세부터 13세까지 변성기 전의 100명 남짓한 보이 소프라노와 보이 알토 소년으로 구성되어 있다. 합창단 연주를 들은 비오 11세가 "마치 천사의 노래를 듣는 것 같다."고 격찬했다. 그 후 이 합창단을 <천사의 소리>라고 부르게 되었다. 하이든, 슈베르트, 클레멘스, 크라우스 등이 이 합창단 출신이다. 1498년부터 유니폼을 입었다. 1948년부터 기숙학교 팔레 아우가르텐(Palais Augarten)에서 연습한다.

그림 16 **빈 벨베데레 궁전 미술관**

그림 17 **빈의 훈데르트바서하우스와 훈데르트바서**

빈에는 박물관과 미술관이 많다. 외관을 바꾸는 건축 허가를 불허해 리모델링만 가능하다. 빈에는 1632년에 봉헌되어 합스부르크 황족의 묘소로 쓰인 카푸친 교회(Capuchin Church)가 있다. 벨베데레(Belvedere) 궁전은 1697년 부지를 사들여 오이겐 공이 궁전을 조성했다. 이를 개조하여 1891년부터 미술관으로 쓰고 있다.그림 16 1891년에 개관한 빈 미술사 박물관에는 합스부르크 왕가의 컬렉션이 모여 있다. 1563년에 제작한 브뤼헐의 『바벨탑』이 있다. 1918년에 문을 연 기술박물관에는 과학·기술·악기 등에 관한 자료가 있다. 빈은 1897년부터 활동한 아르누보와 분리파 미술의 중심지였다. 빈 분리파 미술관 제체시온(Secession)이 있다. 2001년에 개관한 레오폴트 미술관에는 1900년 전후에 활동했던 구스타프 클림트, 에곤 실레 등의 작품이 있다. 빈에는 황실가구 박물관, 예술사 박물관, 전쟁박물관 등이 있다.

빈에 있는 훈데르트바서의 건축물은 자연주의를 강조한다. 프리덴슈라이히 훈데르트바서(1928-2000)는 빈에서 출생했다. 그는 빈 시의회가 의뢰한 공공주택을 리모델링해 훈데르트바서하우스(Hundertwasserhaus)를 1986년에 세웠다.그림17 '직선이 없는 자연'을 건축 안에 넣어 보려 했다. 1986년에 완공한 쿤스트 하우스 빈은 훈데르트바서 작품 상설 전시장이 있는 박물관이다.

쇤브룬(Schönbrunn) 궁전은 1740년 마리아 테레지아 시대 오늘날의 궁전과 공원의 모습이 되었다.그림18 그 곳에는 식물원이 있다.그림19 1752년 공원 안에 17ha 규모의 쇤브룬 동물원(Tiergarten Schönbrunn, Schönbrunn Zoo, Vienna Zoo)을 개장했다. 합스부르크 가문은 18세기 중엽에서 1918년까지 쇤브룬 궁전을 여름 별장으로 사용했다. 로코코 양식으로 50만평에 1,441개의 방이 있다. 1996년 쇤브룬 궁과 공원이 유네스코 세계문화유산이 되었다.

그림 18 **빈의 쇤브룬 궁전**

2001년 빈 구시가지 역사적 건축물들이 <쇤브룬 궁과 공원>에 추가되어 <비엔나 역사지구>로 명명된 후 유네스코 세계문화유산으로 지정됐다. 호프부르크 왕궁, 알베르티나, 슈테판대성당(Stephansdom), 빈 국립 오페라극장, 칼스교회(Karlskirche), 벨베데레

그림 19 **쇤브룬 궁전의 정원과 식물원**

궁전, 오스트리아 의회의사당 등이 포함되었다. 알베르티나는 1805년에 세워진 예술박물관이다.

슈테판 성당은 고딕양식 건물이다. 슈테판은 기독교 순교자다. 1147년에 처음 지었을 때는 로마네스크 양식이었다. 합스부르크 가문이 1359년 고딕 양식으로 개축했다. <빈의 혼(魂)>이라고 부르는 빈의 상징이다. 1782년 모차르트의 결혼식과 1791년 장례식이 치러졌다.그림 20

칼스 광장에 있는 칼스 교회는 1737년에 세워진 바로크 양식의 교회다. 16세기 혁명개혁자 중 한 사람인 성 칼 보로메오에게 헌정되었다. 1883년에 지은 국회의사당은 빈을 둘러싸고 있는 링슈트라세에 있다.그림 21 1872-1883년 사이에 완공한 빈 시청사의 외관은 고딕 리바이벌 건축 양식이다. 7개의 안뜰을 가진 디자인은 바로크 양식 궁전 개념이다.

그림 20 빈의 슈테판대성당

보티프 성당(Votivkirche)은 네오 고딕양식 건축물이다. 1853년 프란츠 요 제프 1세의 암살시도가 있었다. 황제의 무사함을 하나님께 감사하기 위해 지었다. 오스트리아-헝가리 제국 전역에서 모은 기금으로 건축했으며, 1879년 황제와 황비의 은혼식을 기념하여 봉헌되었다.

빈 대학교(Universität Wien)는 1365년 루돌프 4세가 설립했다. 종교개혁으로 쇠퇴해 1623년 예수회에서 인수했다. 18세기 마리아 테레지아 여왕이 부활 시켰다. 의학, 법학, 역사 분야에서 빈 학파가 형성되었다.그림 22 정신분석학 자 프로이트는 1856년 체코 프르지보르에서 태어났다. 1859-1938년 사이 에 빈에서 살았고, 1938년 영국으로 망명했다. 1900년 빈에서 저서『꿈의 해석 *Die Traumdeutung*』을 출간했다.

2011년 빈 카페하우스 문화(Wien Kaffeehaus)가 유네스코 무형문화유산이 되었다. 빈은 유럽에 커피를 전파한 시발점이다. 1529년과 1683년 두 차례 오스만 침공 때 투르크 병사들이 커피·조리기구·기술을 남기고 갔다. 전쟁 후 이것들을 응용해 수십 종의 레시피를 만들었고, 비엔나커피가 생겼다.그림23 1832년 초콜릿 케이크 자허토르테(Sachertorte)를 선보였다. 페이스트리인 아펠슈트루델((Apfelstrudel) 레시피는 1697년에 작성되었다.

1990년에 완공된 하스하우스는 같음과 다름을 표현한 포스트모던 건축물이다.

그림 21 **오스트리아 국회의사당**

그림 22 **빈 대학교**

그림 23 **빈 카페 문화**

비엔나 국제 센터는 1979년에 지어진 UN 사무국 입주 건물이다. 도나우 강 북부에 있다. UNO City라 한다. 6채의 사무실 타워들이 230,000m² 면적에 세워져 있다. 제일 높은 타워는 127m으로 28층이다. 약 5,000명이 근무한다. 국제원자력기구, 국제연합 난민 고등 판무관 사무소 등이 있다. 도시기능을 확장하기 위해 「도시 내 신도시」 개념으로 Donau City가 개발됐다. 1962년부터 건설을 시작해 7,500여 명이 거주하고 있다.그림 24

그림 24 빈 국제센터와 도시
내 신도시 Donau City

03 제2도시 그라츠

그라츠(Graz)는 무어(Mur) 강변에 있다. 127.6km² 면적에 294,630명이 산다. 오스트리아 제2도시다. 그라츠와 슬로베니아 수도 류블랴나(Ljubljana)와는 195km의 2시간 거리다. 그라츠 대학교는 1585년에 찰스 2세에 의해 설립되었다. 그라츠는 2003년에 유럽 문화수도로 선정되었다.

그라츠 구시가지는 1999년 유네스코 세계문화유산으로 등재되었다.그림 25 구시가지에는 고딕양식에서부터 현대에 이르는 1,000여 개의 건물들이 들어서 있다. 푸니쿨라를 타고 올라가 474m의 슐로스베르크 언덕을 오르면 슐로스베르크 정상에서 시 전경을 볼 수 있고, 시계탑이 있다. 그라츠성당(1642), 무기 박물관(1645), 오페라 하우스, 국립극장, 후기 바로크 양식의 교회 바질리카 마리아트로스트(1842), 예수성심교회(1887) 등이 있다. 1625년부터 궁전이

그림 25 **오스트리아 그라츠 역사지구**

었던 바로크 양식의 에겐베르크 성은 2010년 <그라츠 역사지구와 에겐베르크 성>으로 유네스코 세계문화유산에 등재되었다. 1893년에 건축한 르네상스풍의 그라츠 시청이 있다.

그라츠 도심에 현대 건축물 쿤스트하우스와 무어강 인공섬이 있다. 2003년 그라츠가 유럽의 문화수도가 되면서 랜드마크적 의미를 갖

그림 26 **그라츠의 쿤스트하우스와 무어강 인공섬**

게 됐다.그림 26 쿤스트하우스(Kunsthaus)는 2003년 영국인 건축가 쿡과 푸르니가 설계했다. 4층짜리 유선형 건물이다. 삐쭉삐쭉한 지붕의 창이 독특하다. 어두워지면 700개의 불빛이 다른 모양으로 번쩍인다. 살아 움직이는 생물체같다. 쿤스트하우스는 고정적인 소장품 없이 현대미술의 실험장으로 운영되고 있다. 시민들이 '친근한 외계인'이란 별칭을 붙여줬다. 무어강 인공섬은 '떠다니는 섬'이란 별칭이 붙었다. 인공 섬 내부에는 카페, 야외극장, 놀이터가 있다.

04 모차르트의 고향 잘츠부르크

잘츠부르크(Salzburg)는 65.65km² 면적에 156,872명이 거주한다. 알프스 산맥 북쪽 경계의 잘차흐 강 양쪽에 있다. 빈으로부터 서쪽 300km, 뮌헨으로부터 동쪽 150km 거리에 위치한다. 잘츠부르크는 '소금의 도시'를 뜻한다. 암염인 소금을 채굴하여 경제를 유지했다.

1077년 헬펜스타인 대주교가 506m 높이의 페스퉁스베르크산 정상에 요새 기능을 하는 호엔잘츠부르크 성을 건설했다. 1803년까지 잘츠부르크 대주교는 잘츠부르크와 주변 지역의 통치자였다. 잘츠부르크 성당은 774년에 지었다. 볼프 디트리흐 대주교가 재건축하여 1628년에 완공했으며 1959년에 보수했다.그림 27 모차르트는 1756년 1월 27일 출생한 다음 날 잘츠부르크 성당에서 침례를 받

그림 27 **모차르트의 고향 잘츠부르크와 잘츠부르크 성당**

그림 28 **모차르트 생가와 모차르트 기념동상**

았다. 1606년 잘차흐 강 옆에 정원이 있는 미라벨 궁전이 건설되었다. 잘츠
부르크는 1815년 오스트리아 제국으로 합쳐졌다.

잘츠부르크는 모차르트의 고향이다. 1842년에 세운 모차르트 기념비가
있다.그림 28 그의 가족은 구도심 교회에 묻혔다. 1920년부터 모차르트를 기
념하기 위해 여름에 잘츠부르크 음악 페스티벌(Salzburger Festspiele)이 개최된
다.그림 29 1927년 완공된 House for Mozart(舊소공연장)와 1960년 건축된 대
공연장(Great Festival Hall) 등에서 각종 음악회와 연주회가 열린다.그림 31

그림 29 **잘츠부르크 페스티벌 콘서트**

　지휘자 카라얀은 1908년 잘츠부르크에서 태어났다. 카라얀은 1955-1989년까지 베를린 필하모닉 지휘자였다. 그는 1967년에 잘츠부르크 부활절 페스티벌을 출범시켰다. 1967-1989년까지 잘츠부르크 음악제 음악감독이었다.『고요한 밤 거룩한 밤』을 작곡한 조셉 모어(Mohr, 1792-1848)가 잘츠부르크에서 태어났다. 그는 잘츠부르크 인근 오베른도르프(Oberndorf)의 사제였다. 프란츠 그루베르와 함께 작곡한 캐롤 음악『고요한 밤 거룩한 밤』은 1818년 오베른도르프에서 초연됐다. 「고요한 밤 기념성당」의 이름을 얻었다.그림 30 1965년에 영화『사운드 오브 뮤직 *The Sound of Music*』이 잘츠부르크에서 촬영되었다. 잘츠부르크 수녀였던 마리아가 트랍 가족과 함께 독일의 점령으로부터 탈출했던 실제의 이야기를 영화화한 것이다.

겨울철에는 잘츠부르크 남쪽에서 스키를 즐긴다. 해발고도 750m에 위치한 잘츠부르크 인근 도시 젤암제는 젤 호수가에 있는 스키 리조트다. 젤암제 인구는 9,852명이다. 잘츠부르크 남동쪽 할슈타트 호숫가에 할슈타트가 위치했다. 인구는 778명이고, 1997년 유네스코 문화유산에 등재됐다.

오스트리아는 신성로마제국으로 독일과 역사를 같이 해왔다. 프랑크 왕국 때 동쪽변경으로 출발했다. 976년 이후 오스트리아 변경백국, 변경공국, 공국, 대공국으로 발전했다. 1273-1918년까지 645년간 합스부르크 가문이 오스트리아를 통치했다. 1919년에 오스트리아공화국이, 1955년에 영세독립국이 되었다.

그림 30 **잘츠부르크 출신 지휘자 카라얀과 고요한 밤 기념성당**

오스트리아는 독일어를 사용한다. 오스트리아 노벨상 수상자는 22명이다. 2021년 오스트리아 1인당 GDP는 53,859달러다. 오스트리아는 제철업·금속가공업·기계공업을 주력으로 하는 제조업 경제구조다. 제조업이 32%다. 신성로마제국의 흐름이 이어져 전 국민의 73.6%가 로마가톨릭을 믿는 기독교 국가다. 오스트리아 빈은 고전음악을 작곡하고 연주하여 음악의 정수를 전 세계에 제공하고 있다.

　빈은 오스트리아 역사의 중심지다. 합스부르크 왕가 영고성쇠(榮枯盛衰)의 역사가 도시 곳곳에 배어 있다. 종교·음악·예술의 오래된 문화와 사회적 관습이 자리 잡고 있다. 그라츠는 쿤스트하우스와 인공섬을 세워 전통적 도시경관에 현대적 이미지를 더했다. 잘츠부르크는 모차르트와 카라얀의 고향답게 음악도시의 모습을 보인다. 『고요한 밤 거룩한 밤』이 잘츠부르크에서 작곡됐고, 영화 『사운드 오브 뮤직』의 무대가 잘츠부르크다. 잘츠부르크 인근의 자연 경관은 절경이다.

그림 31 **모차르트**

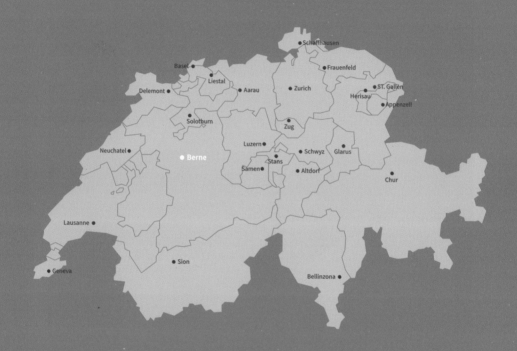

6

스위스 연방

4개 국어와 영세중립국

▌01 스위스 전개과정

▌02 최대도시 취리히

▌03 국제도시 제네바

▌04 사실상의 수도 베른

▌05 교역 문화 도시 바젤

그림 1 스위스 지리와 국기(國旗)

01 스위스 전개과정

스위스의 공식 명칭은 헬베티카 연방이다. Confoederatio Helvetica로 표기한다. 로마제국 시기의 헬베티아 족에서 유래한 라틴어다. 이런 연유로 스위스의 국가 도메인은 .ch다. 영어로 Switzerland라 한다. 통상 스위스 연방 Swiss Confederation으로 표기한다. 이 표기는 스위스 연맹을 주도했던 슈비츠(Schwyz) 주에서 유래했다. 스위스에는 41,285km²의 면적에 8,570,146명이 산다. 백 십자가로 나타내는 스위스 국기는 1841년에 채택됐고, 1889년에 공식 제정되었다.

스위스 국토는 크게 세 지대로 나누어진다. 북서쪽 쥐라(Jura) 지대는 숲이 울창하고 농업과 임업이 성하다. 중앙(Plateau) 지대는 취리히, 루체른, 베른, 제네바 등의 도시가 발달했다. 산업이 활성화되어 있다. 국토의 반 이상인 알프스(Alps) 지대는 대부분 높은 산과 얼음으로 덮여 있다. 알프스 지대에는 깊은 계곡이 파여 높은 고개와 호수 등이 있다.그림 1 마테호른(Matterhorn,

그림 2 **스위스의 상징 마테호른**

4,478m),그림 2 융프라우(Jungfrau, 4,158m), 샤모니 몽블랑, 아이거, 몬테로사 등 스위스 알프스의 최고봉들이 즐비하다. 해발고도 3,454m에 융프라우요흐 정거장이 있다. 산악이 많은 스위스는 기후 변화가 크다. 알프스 북쪽은 푄 바람의 영향으로 온도가 높을 때가 있다. 1811년 영국인들이 융프라우 산을 등정하면서 스위스 관광이 본격화되었다. 스위스에는 알프스 산맥과 연관된 산악관광이 잘 발달되어 있다. 호텔업, 음식요식업도 함께 발달했다. 관광업은 GDP의 2.7%다.

스위스는 독일, 프랑스, 이탈리아, 리히텐슈타인과 접해 있다. 스위스는 독자적인 자국어가 없다. 다민족이 섞여 살면서 주변국의 언어를 공용어로

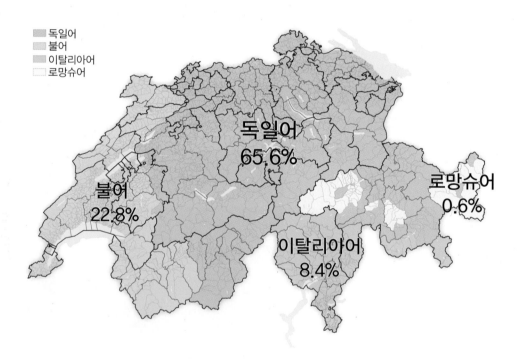

그림 3 **스위스의 공용어: 독일어, 불어, 이탈리아어, 로망슈어**

사용한다. 2020년의 경우 65.6%가 독일어를, 22.8%가 불어를, 8.4%가 이탈리아어를 사용하며, 0.6%가 옛 라틴어인 로망슈어를 사용한다.그림 3 학교교육 초기부터 자기 지역에서 사용하는 언어와 다른 지역의 언어 하나와 영어를 배운다. 곧 공식적으로 3개 국어를 학습한다.

기원전 5세기경 헬베티아 족이 스위스 산악지역에 들어왔다. 헬베티아 족은 켈트 족의 한 갈래다. 기원전 1세기 중반 로마의 카이사르가 이곳에 진주했다. 이곳 일부는 프랑크 왕국과 신성로마제국의 지배를 받았다. 1291년 스위스의 우리(Uri), 슈비츠(Schwyz), 운터발덴 지역대표가 베른에서 영구동맹을 맺어 스위스 연방(Schweizerische Eidgenossenschaft)이 탄생되었다.

1307년 스위스 우리 주를 지배하던 합스부르크가(家)에서 주민들을 억압했다. 이때 자신의 아들 머리에 사과를 얹어 놓고 활로 쏘라고 한 전설의 윌리엄 텔(William Tell, Wilhelm Tell) 이야기가 있었다. 1775-1795년 사이에 스위

그림 4 울리히 츠빙글리(취리히 그로스뮌스터교회)와 설교하는 모습

그림 5 **장 칼뱅과 제네바 성 피에르 성당**

스를 여행했던 괴테는 텔의 이야기를 들었다. 텔의 전설로 희곡을 쓰려던 괴테의 아이디어는 친구인 실러(Schiller)에게 주어졌다. 1804년 희곡『윌리엄 텔』이 바이마르에서 초연되었다. 1857년 바이마르에 괴테와 실러의 동상이 세워졌다. 로시니는 1829년 오페라『윌리엄 텔』을 작곡했다.

스위스의 우리, 옵발덴, 슈비츠, 니드발덴 주의 스위스 동맹은 1315년 모르가르텐 계곡(Battle of Morgarten)에서 오스트리아 합스부르크 군대를 물리쳐 스위스 독립을 지켰다. 1499년 스위스는 슈바벤 전투(Swabian War)에서 합스부르크 가문의 막스밀리안 신성로마제국 황제의 공격을 격퇴했다. 승전한 스위스는 바젤조약에 의거하여 독립국가로 인정되었다.

16세기에 스위스에서는 종교개혁의 열풍이 불었다. 울리히 츠빙글리(Ulrich Zwingli)는 전쟁과 흑사병에서 살아난 후 성경이 가장 중요하다고 믿었다. 그는 1519년부터 취리히(Zürich) 그로스뮌스터(Grossmunster) 교회에서 가톨릭 개혁을 촉구하고 개신교를 설파했다. 1935년에 그로스뮌스터 교회 문에 츠빙글리의 설교하는 모습이 제작 후 설치되었다.그림 4 취리히의 종교개혁의 물결은 바젤, 베른 등에 퍼졌다.

1541년부터 제네바(Geneva)에서 활약했던 장 칼뱅(Jean Calvin, John Calvin)은 성 피에르(St. Pierre) 성당에서 설교했다.그림 5 프랑스 출신 칼뱅은 '청부(淸富)는 하나님으로부터의 보상'이라는 청부론을 폈다. 이어 칼뱅은 삶에서 과학과 예술 분야에서의 수준 높은 교육이 중요하다고 역설했다. 그의 논설은 수공예와 무역을 촉진하여 제네바를 풍요롭게 했다. 제네바에는 종교적 박해를 피해 온 개신교 이민자들로 넘쳤다. 이민자들은 프랑스, 이탈리아, 네덜란드, 영국 등으로부터 몰려 왔다. 인쇄업자와 출판업자들은 출판을 통해 개혁사상을 널리 퍼뜨렸다. 이민자 중 공예가는 공예산업을, 은행가는 금융 산업을 일으켜 제네바 발전에

그림 6 **나폴레옹의 알프스 넘어 가기와 스위스 생 베르나르 고개**

기여했다. 이들 중 칼뱅 신학을 전수받은 존 낙스(John Knox)는 스코틀랜드로 건너가 개신 교회를 설립했다.

혹독했던 30년 전쟁 후 1648년 독일 뮌스터에서 체결된 베스트팔렌조약에서 스위스는 독립국으로 정식 인정되었다. 스위스는 1648년 이후 150년간 독립국가로 유지되어 왔다. 그러나 1798년 프랑스의 나폴레옹이 침공해 왔다. 그는 1800년 스위스의 생 베르나르 고개(2,473m)를 넘었다.그림 6 이탈리아로 돌아가 프랑스군을 정비해 오스트리아와 싸우려 했다. 그는 이탈리아를 정복하는데 스위스가 필요한 전략적 위치라고 생각했다. 그리고 1798년부터 1803년까지 스위스에 헬베티아 공화국을 세웠다. 프랑스 스타일의 여러 제도와 사회하부구조(infrastructure)를 스위스에 구축했다. 나폴레옹이 몰락했다. 스위스는 1815년 빈 회의에서 스위스 연방으로서 영세중립국(the permanent neutral country)이 보장되었다.

1847년에 이르러 스위스 통일전쟁이 발발했다. 스위스 연방이 성립된 후 개신교를 믿는 주에서 새로운 헌법을 제안했다. 그러나 가톨릭을 믿는 루체른, 프리부르, 발레, 슈비츠, 우리, 운터발덴, 추크 주 등 7개 주는 새 헌법에 반대하는 존더분트(Sonderbund)를 만들어 중앙정부에 맞섰다. 1540년 가톨릭교 내에서 이냐시오 데 로욜라를 중심으로 가톨릭 개혁을 주장하는 예수회(Jesuit)가 활동을 시작했다. 그런데 이들 예수회가 스위스 루체른 주에 들어와서 종교교육을 하겠다고 나선 것이다. 이에 대해 자유주의자 개신교들이 강력하게 반발했다. 양측의 갈등은 전쟁으로 비화됐다. 자유주의적 개혁주의 세력은 앙리 뒤푸르의 활약으로 존더분트를 굴복시켜 스위스는 통일됐다. 존더분트 지역에 가톨릭을 믿는 사람이 많았다. 오늘날 스위스는 가톨릭 36.5%, 개신교 27.3%, 기타 기독교 3.1% 등을 합치면 기독교

가 66.9%이다._{그림 7}

　1848년 스위스는 새로운 연방헌법을 채택했다. 비로소 스위스가 동맹관계로 맺은 작은 나라들의 연합체에서 중앙정부와 자치권을 가진 주(Canton)들과의 동맹국가로 변화된 것이다. 스위스는 1848년 제정된 연방헌법 아래 오늘날에도 그대로 유지되고 있다. 정치 체제는 26개의 주로 이루어진 연방민주제이고, 26개 칸톤은 독자적 자치권을 갖는다. 스위스 연방평의회는 7명으로 구성된다. 스위스 연방의회에서 위원 중 한 명을 대통령으로 선출하여 1년의 임기 동안 대통령직을 수행한다.

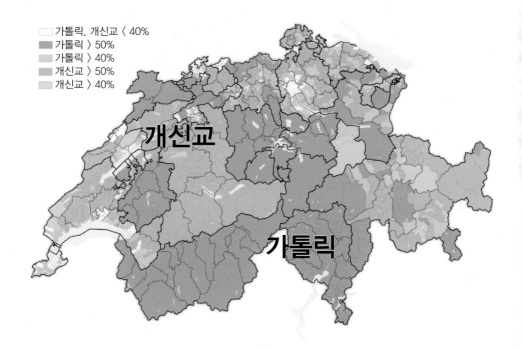

가톨릭, 개신교 〈 40%
가톨릭 〉 50%
가톨릭 〉 40%
개신교 〉 50%
개신교 〉 40%

개신교

가톨릭

그림 7 **스위스의 종교: 가톨릭 36.5%, 개신교 27.3%, 기타 3.1% (기독교 66.9%)**

그림 8 앙리 뒤낭의 국제적십자위원회와 솔페리노 전투

영세중립국인 스위스는 국제분쟁의 조정에 적극적으로 참여한다. 유엔
에는 2002년에 가입했다. 유럽 연합(EU)에는 가입하지 않고 무역관계를 맺
었다. 공식 화폐는 스위스 프랑이다. 1971년이 되어서야 여성에게 선거권
이 부여되었다. 스위스 사람들은 자기들이 평화를 유지하며 중립을 지킬 수
있는 것은 확실한 군사력을 갖고 있기 때문이라고 생각한다. 1874년에 예
비군체계를 정비해 전시에는 70만 명 이상을 동원할 수 있다. 최대 동원규
모가 150만 명을 넘도록 했다.

스위스는 직접민주주의를 채택하고 있다. 국민들이 국가 주요 의사에 직
접 참여하여 정책을 결정한다. 스위스는 일찍부터 사회권 사상을 내세워 국
민들에게 복지를 제공해왔다. 2020년에는 국민투표에서 73%로 기본소득
제를 부결시킨 바 있다.

스위스를 세계에 알린 사람들이 있다. 스위스의 뒤낭은 적십자를 창립하여 구호활동에 나섰다. 1858년 이탈리아 통일전쟁이 솔페리노 전투에서 전개됐다. 뒤낭은 이 전투에서 수천명의 부상자를 만나 고통을 체험했다. 그는 이때의 경험을 『솔페리노의 회상 *A Memory of Solferino*』(1862)이란 책으로 펴냈다. 이 책에서 중립적인 국제기구를 만들어 전쟁으로 다친 사람을 돌봐야 한다고 역설했다. 뒤낭의 호소는 1863년 국제적십자위원회 창설로 이어졌다. 국제적십자위원회는 International Committee of the Red Cross로 표기하며 보통 ICRC로 쓴다. ICRC의 구성으로 국적에 상관없이 구호 활동을 할 수 있는 적십자 운동이 탄생한 것이다. 이러한 내용은 1864년 제네바 협약으로 뒷받침되었다.그림 8 1901년 뒤낭은 박애정신과 평화에 기여한 공로로 제1대 노벨평화상을 받았다. 국제구호운동에 미국, 영국, 프랑스, 이탈리아, 일본이 동참했다. 1919년 국제 적십자(赤十字)·국제 적신월(赤新月)연맹이 파리에서 창설됐다. 오늘날에 이르러 191개 국가별로 적십자·적신월 운동이 펼쳐지고 있다.

1500년대 후반 장 칼뱅의 권유로 스위스 시계산업이 발달했다. 시계 공업은 스위스의 대표적 산업이다. 제네바 등지에 몰려 있다. 바쉐론 콘스탄틴(1755), 론진(1832), 파텍 필립(1839), 오메가(1848), 티쏘(1853), 태그 호이어(1860), 피아제(1874), 롤렉스(1905), 휘브로(1980), 스와치 그룹(1983) 등 고가시계 메이커가 스위스에 있다.그림 9 스위스는 자체 시계인증제도인 제네바 홀마크를 두고 있다.

1755

1832

1839

1848

OMEGA

1853

TISSOT

1860

1874

PIAGET

1905

ROLEX

1980

HUBLOT

1983

SWATCH GROUP

그림 9 스위스의 시계 메이커

스위스는 원자재를 수입 가공하여 수출하는 집약적 고부가가치 산업을 추구해왔다. 약품·식품·공구·기계·화학 산업 등을 집중 육성했다. 타미플루의 로슈, 글리백의 노바티스가 스위스에 있다. 1866년 앙리 네슬레 (Henri Nestlé)는 과자업체 네슬레를 창업했다. 농업생산은 집약적이고, 약 5만 개의 농장에서 농작물을 재배한다. 9할 이상 자급자족한다. 스위스 낙농제품은 세계적으로 활용된다.

02 최대도시 취리히

취리히(Zürich)는 스위스 최대도시로 유럽의 정중앙에 있다. 취리히 호 북쪽 끝에 위치한다. 취리히 호(Zürichsee)의 리마트 강과 그 지류인 질 강이 취리히로 흐른다. 취리히에는 87.88km² 면적에 434,335명이 산다. 취리히 대도시권(Zürich metropolitan area) 인구규모는 약 1,830,000명이다.그림 10 1921년에 개장한 취리히 공항(Zürich Airport)은 알프스와 어울려 아름답다.

90년에 로마가 세금을 걷기 위한 세관을 헬베타(Helveta) 족이 사는 취리히에 세웠다. 린덴호프 지역에 왕궁이 세워졌다. 리마트 강 옆에 프라우뮌스터(Fraumünster, 853), 그로스뮌스터(Grossmünster, 1100) 수도원이 들어섰다. 성 베드로(St. Peter Church, 1000), 예언자(Predigerkirche, 1231) 성당이 세워졌다. 종교개혁 후 모두 개신교회로 바뀌어 취리히 4대 개혁교회가 되었다. 취리히는 1351년 스위스연방에 합류했다.

그림 10 **스위스 최대도시 취리히와 리마트 강**

그림 11 **취리히 그로스뮌스터교회와 바세르교회의 츠빙글리 동상**

1519년 츠빙글리는 스위스 종교개혁(Swiss Reformation)을 일으켰다. 그는 취리히 그로스뮌스터 교회에서 '성경은 하나님의 영감을 담은 말씀'이라고 설교했다. 성경은 여하한 종교조직이나 설교자들의 주장보다 앞선다고 역설했고, 이를 위해 투쟁도 불사해야 한다고 주장했다. 1885년 세운 바세르교회(Wasserkirche)의 츠빙글리 동상에서 그는 한손에 성경을 다른 손에 칼을 들고 있다. 그는 1531년 스위스 카펠(Kappel)에서 가톨릭 군인에 맞서 싸우다 47세로 생을 마감했다.그림 11

취리히는 스위스에서 경제가 가장 발달한 지역이다. 유럽과 세계의 주요 금융허브이며 국내외 은행과 보험사가 집중해 있다. 런던, 뮌헨과 더불어 재보험업의 중심지다. 스위스 은행(Swiss Bank)에 뿌리를 둔 UBS는 1862년 Union Bank Switzerland로 설립됐다. 1998년 스위스 뱅크 코퍼레이션과 합병했다. 1856년에 설립한 크레디트 스위스(Credit Suisse)도 취리히에 있다.

1713년 제네바 대법원에서 유럽 상류층에 대한 정보공개를 금지하는 판

례를 내린 바 있다. 이를 근거로 스위스은행은 익명성이 보장되는 금융업으로 성장했다. 스위스 은행은 익명성과 기밀성이 뛰어나 전 세계적으로 이용된다. 스위스 은행은 보관료를 받는다. 스위스에 본사가 있는 은행은 모두 스위스 은행이 된다. 이러한 내용은 스위스 은행법에 담겨 있다. 스위스의 중앙은행인 스위스 국립은행은 베른에 있다.

16세기와 17세기 직물공업이 발달해 길드 세력이 취리히 도시의 중심이 되었다. 17세기에 실크 산업이 호황을 누려 취리히 호수 좌안 농촌에 많은 실크 공장이 세워졌다. 실크 산업은 1900년까지 무역에서 선도적 업종이었다. 1930년 이후 섬유 산업은 퇴조했다. 19세기 후반 이후 취리히는 공업 지역으로 성장했다. 라인 강의 수력이 뒷받침해 주었다.

그림 12 **취리히 연방 공과대학교 횡거베르크 캠퍼스**

1855년에 문을 연 취리히 연방공과대학교(ETH)는 물리·화학·의학 등의 분야가 우수하다. 물리학자 아인슈타인 등 ETH 졸업생과 ETH에서의 성과로 노벨상을 수상한 교수만 24명이다.그림 12 물리학자 아인슈타인, 언어학자 소쉬르, 도시설계가 르 코르뷔지, 교육운동가 페스탈로치 등은 스위스를 세계에 알린 인물이다. 스위스 노벨상 수상자는 27명이다. 스위스에 있는 단체가 노벨평화상을 9번 받았다. 2021년 스위스의 1인당 GDP는 94,696달러다. 서비스업이 74%, 제조업이 25%이며, 250인 미만의 사업체가 99%다. GDP대비 국가채무비율은 35%이고, R&D 투자비율은 3%다.

취리히에는 로봇·에너지·자동화기술·기계·파워그리드 등 제조업과 하이 테크 산업이 활성화되어 있다. 산업 로봇, 바이오케어, 선박과 기차 등이 취리히에서 생산되거나 유통된다. 취리히는 스위스의 문화수도라 불린다. 1957년 막스 미딩거(Max Miedinger)는 세계적으로 쓰이는 헬베티카(Helvetica) 서체를 취리히에서 개발했다. 취리히예술대학, 쿤스트하우스 취리히, 취리히 국립 박물관, 하우스 콘스트룩티브, 디자인 박물관이 있다. 1904년부터 운영된 국제축구연맹(FIFA) 본부와 박물관이 있다. 취리히는 국제회의와 컨벤션 개최지로 각광받는다.

그림 13 **국제도시 제네바: 제네바 호수, 제토 분수, 론 강**

03 국제도시 제네바

제네바(Geneva)는 제네바/레만(Lake Geneva/Lac Léman) 호(湖)가 론(Rhone) 강으로 흘러드는 지점의 좌안 구릉지에 있다. 15.92km² 면적에 201,818명이 산다. 최대통근인구는 1,260,000명이다. 서쪽으로 쥐라산맥이 둘러싸고 남쪽으로 몽블랑이 보이는 레만 호는 알프스 산지 최대의 호수로 면적이 582km²이다. 레만 호의 제또 분수는 140m의 높이로 솟구친다. 제네바는 론 강으로 양분되어 있다. 좌안의 구릉지에 구시가가 있다.그림 13 구시가 중심에 1160년부터 지어 완성한 성 피에르 교회가 있다. 1535년에 개신교 교회로 바뀌어 칼뱅, 베즈 등이 설교했다.

제네바는 켈트족의 일파인 알로브로게스(Allobroges) 족의 정착촌 이름이었다. 라틴어로 Genava 또는 Genua라 했다. 율리우스 카이사르의 『갈리아 전기(戰記)』에 나왔다.

해발 1,100m에 있는 몽 살레브(Mont Salève)에서는 제네바 시내, 제네바 호수, 알프스 산맥, 쥐라산맥, 몽블랑을 조망할 수 있다. 제네바를 거쳐 프랑스와 스위스가 철도와 도로로 연결된다. 제네바 국제공항이 있다. 여름은 별로 덥지 않고, 겨울도 그다지 춥지 않다. 여름에는 호수 근처에서 수영을 즐기며, 겨울에는 근처 산에서 스키를 탄다.

그림 14 **꼴레쥬 칼뱅, 제네바 대학과 『기독교 강요』**

제네바는 기원전 121년 로마제국에 통합되었다. 534년 프랑크 왕국 때 교통의 요지로 번영했다. 5세기부터는 교구청이 되었고, 9세기에 부르군트의 수도가 되었다. 부르군트족, 프랑크족, 신성로마제국이 제네바를 두고 다퉜다. 그러나 제네바의 실질적 관리자는 주교들이었다.

1536년부터 1594년의 기간 동안 칼뱅이 편 종교개혁운동으로 제네바는 유럽 프로테스탄티즘 개신교의 중심지가 되었다. 제네바는 <프로테스탄티즘 개신교의 로마>로 불렸다. 1559년에 칼뱅은 2개의 교육기관을 창설했다. 하나는 대학예비학교인 꼴레쥬 칼뱅(Collége Calvin)이다. 다른 하나는 1872년에 종합대학이 된 제네바대학이다. 또『기독교강요 *Institutes of the Christian Religion, Institutio Christianae Religionis*』(1559) 등을 통해 개신교 신학을 집대성했다.그림 14 개혁교회와 장로교 교리 대부분은 그가 정립한 신학사상이다. 그는 신앙의 핵심적 권위는 하나님의 말씀인 성경에 있다고 선언했다. 개신교 신앙은 교회에 있는 것이 아니라 성경에 있음을 천명한 것이다. 그는 하나님의 예정설, 구원론, 은혜론, 청부론 등을 설파했다.

루터, 칼뱅 이후 여러 신학자에 의해 <오직 성경> 등의 개신교 논리가 완성됐다. 1909년 칼뱅 탄생 400주년과 제네바대학 설립 350주년 기념으로 제네바대학 부지 바스티옹 공원에 100m 길이의 종교개혁 기념비(Reformation Wall)가 세워졌다.그림 15 기념비에는 윌리엄 파렐, 장 칼뱅, 시어도르 베자, 존 녹스 등이 있다.그림 16

제네바는 1815년에는 제네바 칸톤 및 공화국으로 독립하여 스위스 연방에 가입하였다. 제네바에는 국제 적십자·적신월 운동 본부와 박물관이 있다. 1955년 시계산업의 메카 제네바에 오흐로지 플뢰르(L'horloge fleurie) 꽃시계가 만들어졌

그림 15 **제네바 종교개혁 기념비**

그림 16 **윌리엄 파렐, 장 칼뱅, 시어도르 베자, 존 녹스**

다. ICRC 125주년을 기념하여 제작된 꽃시계는 기념비적이다.그림 17

제네바는 국제도시다. 우안의 신시가에는 국제연맹의 본부였던 팔레데나시옹(Palais des Nations)이 1929-1938년 기간에 세워졌다.그림 18 현재는 국제연합(UN) 유럽본부로 활용된다. 이곳에 국제노동기구·세계보건기구·국제적십자본부·국제경제기구·국제통신연합·유럽 핵연구소가 있다. 이곳에 22개의 국제기구와 250여 개의 비정부기구가 있으며, 공식 언어는 프랑스어다.

론 강에 루소 섬이 있는데, 이 섬에는 루소의 동상이 있다. 장 자크 루소는 제네바의 그랑뤼(Grand'rue)에서 시계공의 이들로 태어났다. 그는 『에밀』(1762) 『사회계약론』(1762) 등을 통해 "자연은 인간을 선량하고, 자유로우며, 행복하게 만들었다. 그런데 사회가 인간을 사악하고, 노예화하며, 불행으로 몰아넣었다."라고 주장했다. 그는 "자연으로 돌아가라."고 역설하여 프랑스대혁명과 수많은 사람들에게 영향을 주었다. 그는 사회계약론, 직접민주주의, 공화주의, 계몽주의 등의 명제를 설파한 철학자로 평가되었다.

제네바에는 시계·보석 등 고부가가치 산업이 활성화되어 있다. 1905년부터 시작한 제네바 모터쇼는 세계적이다. 금융업이 활성화되어 프라이빗

뱅킹이 많다. 제네바에는 1835년에 세워진 제네바 국립 고등음악원, 국제관계대학원 등이 있다. 미술·역사박물관, 적신월 박물관은 제네바의 명소다.

그림 17 **제네바 오흐로지 플뢰르 꽃시계와 ICRC 125주년 기념 조화**

그림 18 제네바 팔레 데 나시옹과 국제연합 유럽본부

04 사실상의 수도 베른

베른은 51.62km² 면적에 140,000명이 산다. 대도시권 인구는 660,000명이다. 베른은 아레(Aare) 강에 의해 형성된 반도의 서쪽 방향으로 성장했다. 아레 강이 휘감아 도는 곳에 구시가지가 발달했다.그림 19 구 시가지에 있는 1421년에 지은 베른 교회당(Bern Minster)은 101m 높이 첨탑이 있는 개혁교회다. 베른 교회당 아래에 오래된 마테(Matte) 구역이 아레 강 연변에 있다.

베른의 명칭은 곰(bear)에서 유래했다 한다. 곰은 베른을 상징한다. 1857년 곰 공원(Bärengraben)이 개장했다. 1983년 베른은 유네스코 세계문화유산으로 지정됐다. 베른의 공식어는 독일어다.

베른(Bern)은 스위스의 사실상 수도다. 1902년에 지은 스위스 연방 국회의사당(Bunde-shaus)과 행정부인 연방평의회(Bundesrat)가 있다.그림 20 사실상 수도라는 내용은 스위스 연방헌법에 명문화된 수도가 없기 때문이다. 그리고 1881년에 로잔(Lausanne)에 연방대

그림 19 **사실상의 수도 베른과 아레 강**

법원이 세워졌고,_{그림 21} 정부기관이 여러 도시에 흩어져 있는 상황이다. 각 Canton의 지위를 헌법상 동등하게 보장하는 스위스 연방정치 관례로 볼 때, 어느 한 도시를 수도로 명문화하면 특권이 커지는 것을 경계하는 의미도 있다. 1906년 베른에 스위스 국립은행이 들어섰다.

베른은 1191년 군사요새로 건설되었고, 1218년에 자유도시가 되었다. 1353년 스위스 연방에 가입하였으며, 1831년 베른 주의 주도가 되었다. 1848년에 스위스 연방헌법이 제정되었다. 이를 계기로 베른은 사실상의(de facto) 스위스 수도 역할을 하게 되었다. 베른에는 지트글로게 시계탑과 사암으로 지어진 6km의 아케이드 거리가 명품이다.

그림 20 **스위스 연방 국회의사당(베른)**

1874년에 설립된 만국우편연합(Universal Postal Union) 본부가 베른에 있다. 1886년 저작권을 국제 차원에서 보호하는 국제 협약인 저작권 베른협약(Berne Convention)이 체결되었다.

1903-1905년 동안 알베르트 아인슈타인이 아내 밀레바 마리치와 아들 한스와 베른에 살았다. 그는 특허청 직원으로 근무하면서 상대성 이론 등을 연구했다. 그가 살았던 아파트를 개조해 아인슈타인하우스(Einsteinhaus)로 관리하고 있다. 2005년 스위스 화가 파울 클레 센터가 개관했고, 건물은 렌조 피아노가 디자인했다.

그림 21 **스위스 연방대법원(로잔)**

05 교역 문화 도시 바젤

바젤(Basel)에는 라인 강이 흐른다. 바젤은 23.85km² 면적에 180,000명이 산다. 바젤 3개국 도시권(Trinational Eurodistrict of Basel) 인구규모는 830,000명이며, 스위스인이 60%다. 라인 강 좌안은 상업과 문화지역이고, 우안은 공업지역이다.

1924년에 신설된 라인 항(港)은 라인 강을 따라서 독일을 관통하여 북해로 연결된다. 라인 강의 상류인 바젤에는 스위스, 독일, 프랑스 3국이 만나는 3국 꼭지점이 있다. 항공과 철도 등 교통시설은 스위스, 독일, 프랑스와 공유한다. 1854년부터 바젤 SBB 기차역이 운행됐다. 바젤에서 4.5km 떨어진 곳에 있는 국제공항 유로 에어포트(Basel-Mulhouse-Feiburg EuroAirport)는 1930년대부터 활용됐다.

바젤이 기록에 처음 나온 것은 374년이다. 7세기에 주교청(主教廳) 소재지가 되었고, 1501년에 스위스 연방에 가입하였다.

바젤은 제약 산업의 중심이다. 제약회사 타미프루의 로슈(Roche 1896), 노바티스(Novartis 1996) 등과 종묘기업 신젠타(Syngenta 2000) 본부가 있다.그림 22

스위스는 금융업이 발달했다. 은행이 부도 위험이 높은지 낮은지를 다루는 기준으로 BIS 자기자본 비율을 사용한다. 1988년 바젤합의에서 은행 건전성 BIS 비율 8% 이상이 정해졌다. 이 BIS 기준의 설정은 1930년 바젤에 설립된 국제결제은행에서 이뤄졌다. 국제결제은행은 영어로 Bank for International Settlements라 표기한다.그림 23

바젤 교회(Basel Minster)는 1019년에 처음 세웠고 후에 후기 로마네스크-고딕 양식으로 개축했다. 시청사(Town Hall)는 1522년에 붉게 칠했다. 두 건물은 바젤의 랜드마크다. 1460년에 설립된 바젤 대학교는 스위스에서 가장 오래된 대학교다. 철학자 니체는 교수였고, 정신분석학의 카를 융은 졸업생이었다. 바젤에서 1529년에 종교개혁이 일어났다. 바젤은 오버라인 지방의 인문주의 중심지가 되었다. 성서협회와 프로테스탄트 전도협회 등이 있다. 주민의 2/3가 프로테스탄트 개신교다.

1917년 이래 바젤에서 시계와 보석 중심의 산업박람회가 개최되었다. 2003년부터 Baselworld, Watch and Jewellery Show로 명명되었다. 2013년에 헤르 조그와 드 뫼론이 새로운 전시관 Messe Basel Exhibition Center를 건축했다.그림 24 1970년부터 국제 예술 박람회인 Art Basel이 열린다. 바젤 미술관, 바이엘러 재단, 문화 박물관 등 40여 개의 박물관이 있어 문화중심지로서의 바

그림 22 **타미프루의 로슈와 종묘기업 신젠타 (스위스 바젤)**

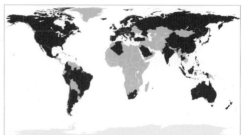

그림 23 **스위스 바젤 국제결제은행(BIS)와 BIS 회원 국가**

젤을 풍요롭게 한다. 이런 연유로 바젤은 <스위스의 문화 중심지>나 <대학
도시>라고 불린다.

로잔(Lausanne)에는 1894년에 설립된 국제올림픽위원회가 있다.그림 25 리하
르트 바그너는 1938년 스위스 루체른에 살면서 작곡했다. 이를 계기로 시작
된 루체른 페스티벌(Luzern Festival)은 세계적인 고전음악 콘서트다.

리히텐슈타인(Liechtenstein) 공국은 스위스, 오스트리아와 국경을 접한다.
160km²면적에 38,660명이 산다. 국민 대다수가 로마가톨릭을 믿는다. 세
계에서 6번째로 작은 나라다. 우즈베키스탄과 함께 전 세계에서 2개국뿐인
이중내륙국이다.그림 26

그림 24 Baselworld와 Messe Basel 전시센터

스위스는 독어, 불어 등 4개 국어를 쓰고, 1815년에 영세 중립국이 되었다. 알프스 산악지형을 세계적인 관광자원으로 바꿔 국부 창출의 그릇으로 만들었다. 낙농업을 일구어 세계인의 식탁에 스위스 제품을 올려놓았다. 기술집약적이고 고부가가치 산업을 집중 육성했다. 시계, 금융, 관광업, 고부가가치 제조업 등의 스위스 제품은 세계적이다. 2021년 스위스의 1인당 GDP는 94,696달러다. 노벨상 수상자는 27명이다. 개신교와 가톨릭 등 기독교가 66.9%다. 앙리 뒤낭은 적십자운동을 펼쳐 스위스를 박애실천 선도국가로 올려 놓았다.

스위스 최대도시 취리히, 국제회의가 많이 열리는 제네바, 사실상의 수도인 베른, 교역과 문화중심지 바젤 등은 도시의 자연 및 인문 환경을 합리적으로 관리하여 세계적 도시로 발돋움했다.

그림 25 **스위스 로잔 국제올림픽위원회(IOC)**

그림 26 **리히텐슈타인 공국의 수도 바두즈**

그림 출처

I. 서부유럽

1. 영국

◑ 위키피디아

그림 1, 그림 2, 그림 3, 그림 4, 그림 5, 그림 6, 그림 7, 그림 8, 그림 9, 그림 10, 그림 11, 그림 12, 그림 13, 그림 15, 그림 16, 그림 17, 그림 18, 그림 19, 그림 20, 그림 21, 그림 22, 그림 23, 그림 25, 그림 26, 그림 27, 그림 28, 그림 29, 그림 30, 그림 33, 그림 35, 그림 36, 그림 37

◑ 저자 권용우

그림 10, 그림 12, 그림 14, 그림 24, 그림 25, 그림 27, 그림 29, 그림 30, 그림 31, 그림 32, 그림 33, 그림 34

2. 프랑스

◑ 위키피디아

그림 1, 그림 2, 그림 3, 그림 4, 그림 5, 그림 6, 그림 7, 그림 8, 그림 9, 그림 10, 그림 11, 그림 12, 그림 13, 그림 14, 그림 15, 그림 16, 그림 17, 그림 18, 그림 19, 그림 20, 그림 21, 그림 22, 그림 23, 그림 24, 그림 25, 그림 26, 그림 27, 그림 28, 그림 29, 그림 31, 그림 32, 그림 33, 그림 34, 그림 35, 그림 36, 그림 37

◑ 셔터스톡

그림 34

◑ 저자 권용우

그림 1, 그림 3, 그림 5, 그림 10, 그림 15, 그림 20, 그림 27, 그림 28, 그림 29, 그림 30

3. 네덜란드

◑ 위키피디아

그림 1, 그림 2, 그림 3, 그림 4, 그림 5, 그림 6, 그림 7, 그림 9, 그림 10, 그림 11, 그림 12,

그림 13, 그림 14, 그림 15, 그림 16, 그림 17, 그림 18, 그림 19, 그림 20, 그림 21, 그림 22, 그림 23, 그림 24, 그림 25, 그림 26, 그림 27, 그림 28, 그림 29, 그림 30

◑ 셔터스톡

그림 8

◑ 저자 권용우

그림 1, 그림 4, 그림 15, 그림 16, 그림 24

II. 중부유럽

4. 독일

◑ 위키피디아

그림 1, 그림 2, 그림 3, 그림 4, 그림 5, 그림 6, 그림 7, 그림 8, 그림 9, 그림 10, 그림 11, 그림 12, 그림 13, 그림 14, 그림 15, 그림 16, 그림 18, 그림 19, 그림 20, 그림 23, 그림 25, 그림 26, 그림 28, 그림 29, 그림 30, 그림 31, 그림 32, 그림 33, 그림 37

◑ 저자 권용우

그림 1, 그림 2, 그림 3, 그림 6, 그림 12, 그림 17, 그림 22, 그림 24, 그림 27, 그림 34, 그림 35

◑ 독일지리학회

그림 21, 그림 22, 그림 27

◑ Dr. Räuter

그림 35, 그림 36

5. 오스트리아

◑ 위키피디아

그림 1, 그림 2, 그림 3, 그림 4, 그림 5, 그림 6, 그림 7, 그림 8, 그림 9, 그림 10, 그림 11, 그림 12, 그림 13, 그림 14, 그림 15, 그림 16, 그림 17, 그림 18, 그림 20, 그림 21, 그림 22, 그림 23, 그림 24, 그림 25, 그림 27, 그림 28, 그림 29, 그림 30, 그림 31

◗ 저자 권용우

그림 1, 그림 5, 그림 7, 그림 9, 그림 10, 그림 11, 그림 19, 그림 20, 그림 26

6. 스위스

◗ 위키피디아

그림 1, 그림 2, 그림 3, 그림 4, 그림 5, 그림 6, 그림 7, 그림 8, 그림 9, 그림 10, 그림 11, 그림 12, 그림 13, 그림 14, 그림 15, 그림 16, 그림 17, 그림 18, 그림 19, 그림 20, 그림 21, 그림 22, 그림 23, 그림 24, 그림 26

◗ 셔터스톡

그림 25

◗ 저자 권용우

그림 1, 그림 3, 그림 7, 그림 9

색인

ㄱ

간석지(tidal land) 108

간척지(干拓地, reclaimed land, polderland) 108

갈리아인 59

거울의 방 76

검은 숲(Schwarzwald) 184

게르마니아(Germania) 143

게르만계 바바리족(Bavarii) 191

고흐(Gogh) 119

곡저(谷底)도시 172

관문도시(Gateway city) 133

관세동맹(Zollverein) 157

괴테(Goethe) 159

교회의 장녀(長女) 62

『구텐베르크 성경』 169

국민의회(National Assembly) 66

국제연맹 151

국제올림픽위원회 252

국제적십자위원회 233

국제축구연맹(FIFA) 239

권리청원 12

그리니치 밀레니엄 빌리지 51

『기독교강요』 243

기사의 홀(Ridderzaal) 129

꼴레쥬 칼뱅(Collége Calvin) 242

ㄴ

나바르(Navarre) 64

나폴레옹 3세 71

나폴레옹 보나파르트(Napoléon Bonaparte) 70

나폴레옹 전쟁 70

난학(蘭學) 118

낭트 칙령 64

냄비에 암탉(poule au pot) 60

네덜란드 공화국 116, 117

네덜란드 독립전쟁(Eighty Years' War) 116

네덜란드 동인도회사 118

네덜란드 벨기에 연합왕국 121

넬슨(Horatio Nelson) 20

노르만 왕조 9

노블레스 오블리주(noblesse oblige) 93

노트르담 드 라 가르드 바실리카 97

녹색 띠(Grüne Band) 159

뉴 암스테르담(New Amsterdam) 118

니콜라이 교회(St. Nicholas Church) 180

ㄷ

담수호 109, 110

대런던(Greater London) 35

대런던 계획 46

대영박물관 32
대영제국(The British Empire) 19
댐(dam) 108
더 시티(The City) 36
덩케르크 철수사례 9
도이체뱅크 170
도크랜드(Dockland) 50
독일연방(German Confederation)
    148, 198
독일-오스트리아 합병(Anschluss Ös-
    terreichs) 200
독일왕국(918-962) 145
독일 재통일(German reunification) 155
독일제국(Deutsches Kaiserreich) 150
독일통일(German unification) 150, 155
독일혁명 151
동 프랑크 왕국(843-918) 145
뒤낭 233
드레이크 18
디쉬(Rolf Disch) 183

ㄹ

라 그랑드 아르슈 79
라데팡스(La Défense) 88
라 로셸(La Rochelle) 94
『라 마르세예즈 La Marseillaise』 69, 97
라이프치히 전투 179
라인란트(Rhineland) 167
라인협곡(Rhine Gorge) 169
러니미드 10

러다이트 운동 27
런던 스모그 재앙(Great Smog of Lon-
    don) 44
런던 시청 43
런던 트라팔가르 광장 20
레치워스(Letchworth) 46, 48
렘브란트 126
로렐라이(Loreley, Lorelei) 언덕 169
로마인 59
로버트 월폴 14
로베스피에르(Robespierre) 70
로테르담 중앙역 133
로테르담 항구 134
론디니움(Londinium) 8
뢰머광장(Römerberg) 170
루르(Ruhr) 167
루브르 박물관 80
루소(Rousseau) 65
루이 14세 65
루이 16세 69
룩셈부르크 공국(Grand Duchy of Luz-
    embourg) 121
뤼베크(Lübeck) 177
르네 데카르트(Rene Descartes) 65

ㅁ

마그나 카르타 대헌장 10
마르세유(Marseille) 97
마르크스 161
마르틴 루터 145, 185

마리아 테레지아 195, 196
마리 앙투아네트 69
마리엔 광장(Marienplatz) 181
마셜 플랜 154
마우리츠(Maurice van Oranje) 공작 130
마테호른(Matterhorn) 225
막스 베버(Max Weber) 161
막시밀리안 1세(Maximilian 1) 193
만국평화회의 130
메르센조약(Treaty of Mersen) 144
메테르니히 198
명예혁명(Glorious Revolution) 14
모차르트(Mozart) 202
모차르트의 고향 217
무어강 인공섬 215
뮌헨 국립극장 182

ㅂ

바람길(wind corridor) 184
바르톨로메오의 학살 64
바이마르 160
바이마르공화국 152
바이마르헌법 152
바젤 대학교 251
바타비아(Batavia) 118
바흐(Bach) 160
『밤의 카페 테라스 *Café Terrace at Night*』
    96
방조제(tide embankment) 108
백만인 마을도시(Millionendorf) 181

버킹엄 궁 22
베네룩스(BeNeLux) 3국 121
베드제드(BedZED) 52
베르됭조약(Treaty of Verdun) 62, 144
베르사유 궁전(Château de Versailles)
    76
베르사유 조약 151
베를린 대성당 163
베를린 훔볼트 대학교 161
베스트팔렌 조약 146
베이컨(1561-1626) 19
베토벤(Ludwig van Beethoven) 161
베토벤의 제2의 고향 204
베트벤의 고향 168
벨기에 혁명 121
보름스(Worms) 회의 145
보봉(Vauban) 지구 183
보불전쟁(1870-1871) 71, 77, 150
보오전쟁 199
본초자오선 Prime Meridian 41
부르봉(Bourbon) 왕조 64
부르주아지(bourgeoisie) 65
부채꼴 도시(fan city) 173
브란덴부르크 문(Brandenburg Gate/Tor)
    164
브뤼메르 쿠데타 70
브리타니아(Britannia) 8
비스마르크 149, 150
비텐베르크 만인성자(萬人聖者)교회 145
빅토리아 여왕 21

빈 대학교(Universität Wien) 201, 210
빈도보나(Vindobona) 203
빈 미술사 박물관 207
빈 소년 합창단 206
빈 시청사 209
빈 카페하우스 문화(Wien Kaffeehaus) 211
빈 필하모닉 오케스트라 205
빈회의(Wien Congress) 148
빌(Whyl) 방폐장 183
빌럼 1세(Willem I) 116
빌리 브란트 155
빛의 도시(Ville lumière) 75

ㅅ

사라예보 사건(Sarajevo Incident) 151, 199
산업혁명(Industrial Revolution) 25
삶의 양식(genre de vie) 73
삼각주 공사(Delta Works) 109, 110
삼부회(Estates Gensral) 66
삼색기(La Tricolore) 68
생 베르나르 고개 230
샹젤리제 거리 79
성공회 성당 28
성상파괴(statue storm) 115
성채(城砦)교회(Schlosskirche) 145
성토마스교회 179
셰익스피어(William Shakespeare, 1564-1616) 19, 30

소(小) 독일주의 198
소호(SOHO) 39
쇤브룬(Schönbrunn) 궁전 208
슈베르트 202
슈테판 성당 209
슈프레(Spree) 강 162
스위스 연방(Schweizerische Eidgenos-senschaft) 227
스위스 은행(Swiss Bank) 237
스위스 종교개혁(Swiss Reformation) 237
스페인 합스부르크 194
시몽 드 몽포르 11
시인과 사상가(Dichter und Denker) 157
시티오브런던(City of London) 8
신성로마제국 145

ㅇ

아데나워 167
아디케스법 159
아버크롬비 교수 46
아이언 브리지(Iron Bridge) 26
아인슈타인하우스(Einsteinhaus) 249
알렉산더 폰 훔볼트 161
알버트 홀 30
암스테르담박물관(Rijksmuseum) 127
암스테르담 증권거래소 118
앙시앵 레짐(ancien régime) 66
애덤 스미스 27

앤 블린 12

앵글로 색슨(Anglo-Saxon)족 8

에라스무스 다리(Erasmus Bridge) 133

에라스무스 박물관(Erasmus House) 136

에르푸르트 160

에베네저 하워드 46

에콜 폴리테크니크(École Polytechnique) 61

에투알(Arc de Triomphe l'Étoile) 개선문 78

에펠(Alexandre Gustave Eiffel) 84

에펠탑(Tour Eiffel) 84

에펠탑 효과 87

엘리자베스 1세(1533-1603) 여왕 17

엘리자베스 타워 36

엘리제 궁전(Palais de l'Élysée) 80

엘피(Elphi) 178

연방도시(Bundesstadt) 168

연방재판소(Bundesgerichtshof) 173

연방헌법 231

영국 동인도회사 18

영국 성공회(Anglican Communion) 12

영국 의회(The Parliament of the United Kingdom) 11

영방국가(領邦國家, member states) 147

오드 콜로뉴 향수(Eau De Cologne) 167

오르세 미술관 81

오스망(Baron Haussmann) 82

오스트리아 공국 192

오스트리아 제국(Austrian Monarchy) 197

오스트리아-헝가리 제국 199

오스트마르크(Ostmark) 191

오스트차일레(Ostzeile) 171

오직 성경(sola scriptura) 146, 243

옥스퍼드대 32

옥토버페스트(Oktoberfest) 181

올리버 크롬웰(Oliver Cromwell) 13

왕립지리학회 22

외쿠메네(ökumene) 111

요한 볼프강 폰 괴테 171

요한 슈트라우스 2세 205

운터 덴 린덴 거리 164

운하지구(Grachtengordel) 125

울리히 츠빙글리(Ulrich Zwingli) 228

워털루 전투 71

월터 롤리 18

웨스트민스터 궁전 35

웨스트민스터 사원 28

웨스트 엔드(West End of London) 37

웰윈(Welwyn) 46, 48

위그노(Huguenot) 63

위그 카페 76

위트레흐트 대학 122

윌리엄 텔(William Tell, Wilhelm Tell) 227

유니언 기(旗)(Union Flag) 15

유니온 잭(Union Jack) 15

유럽의회(European Parliamentary Assembly) 173
유럽중앙은행 170
융커(Junker) 158
음악의 도시 204
이준 평화박물관 130
일 드 프랑스 레지옹 75

ㅈ

자위더르해 간척공사(Zuiderzee Works) 109, 110
자유 제국 도시(free imperial cities) 147
잘츠부르크 성당 216
잘츠부르크 음악 페스티벌(Salzburger Festspiele) 217
장 칼뱅(Jean Calvin) 229
전원도시(garden city) 46, 47
제1차 세계대전(1914-1918) 199
제3개선문 79
제3제국 152
제네바/레만(Lake Geneva/Lac Léman) 호 241
제임스 와트 25
존 낙스(John Knox) 230
존더분트(Sonderbund) 230
존 왕 10
존 웨슬리 28
존 케인스 27
종교개혁(Reformation) 146

종교개혁 기념비(Reformation Wall) 243

ㅊ

차티스트 운동 27
찰스 다윈 22
채널터널(Channel Tunnel) 93
청교도 혁명(Puritan Revolution) 13
청부(清富)론 63
취리히 연방공과대학교(ETH) 239

ㅋ

카나리워프 50
카라얀 218
카렘(Carême) 60
카루젤(Carrousel) 개선문 78
카를 5세 194
카를대제 143
칸 국제영화제 98
칸트(Immanuel Kant) 161
『칼레의 공민(公民) Burghers of Calais』 93
캔터베리 성당(Canterbury Cathedral) 8
켈트족 7
코번트 가든 38
콘세르트헤바우 관현악단 126
콜로니아(Colonia) 167
쾨켄호프(Keukenhof) 공원 113
쾰른대성당(Cologne Cathedral) 167
쿤스트하우스(Kunsthaus) 215

ㅌ

타워 브리지 037
태양광 183
태즈만(Tasman) 119
테르미도르 반동 70
튤립(tulip) 113
트라팔가르 해전 20
티어 가르텐(Tiergarten) 164

ㅍ

파리박람회 84
파리시(Parisii) 족 75
파리 역사축(Paris Axe Historique) 88
파리 코뮌 73
팔레데나시옹(Palais des Nations) 244
팡테옹 79
페르메이르(Vermeer) 119
펠리페 2세 194
평화궁 130
포츠담 협정(Potsdam Agreement) 153
퐁텐블로 칙령 65
퐁피두센터 81
프랑스 인권선언 66
프랑스 제1공화국(First Republic 1792-
 1804) 69
프랑크인 59
프랑크푸르트암마인 국제공항 170
프로이센-오스트리아 전쟁 149
프로이센 왕국(Preussen, Prussia) 149

프로이트 210
프리드리히 1세 162
프리드리히 2세 149
피커딜리 광장 39
필립스(Philips) 127

ㅎ

하멜 119
하우다(Gouda) 113
하이네켄(Heineken) 127
하이델베르크대학 172
하이드 공원 40
하이든 202
함부르크 자유 한자 시 177
합스부르크(Habsburg) 192
합스부르크 군주국(Habsburg Monarchy)
 197
합스부르크 루돌프 1세 193
햄버거(Hamburger) 178
헤겔(Friedrich Hegel) 161
헨델(Händel) 160
헨리 8세 12
헬베티카(Helvetica) 서체 239
헬베티카 연방 225
호프부르크 왕궁(Hofburg Palace) 204
홀란트(Holland) 지방 107
훈데르트바서하우스(Hundertwasser-
 haus) 208
휴고 그로티우스 130

서평

권용우 교수는 성신여대에서 25년간 세계도시 교양강좌를 진행했다. 60여 개
국 수백개 도시가 관찰 대상이었다. 권교수는 이번에 『세계도시 바로 알기 1:
서부유럽·중부유럽』을 출간했다. 앞으로 펴낼 연작 시리즈 중 첫 번째 작품이
다. 유럽 중·서부 6개 국가 30여 개 도시를 바로 알기 대상으로 삼고 있다. 도시
지리학자인 저자는 각 나라와 도시를 그들의 경제·사회·문화적 배경에 대한
광범위한 문헌 자료와 현장 확인을 통해 포괄적으로 재치있게 서술하고 있다.
더욱이 풍부한 시각적 자료는 보는 즐거움을 더해주고 있다. 간결하면서도 명
료한 문체는 금상첨화다.

최병선 교수(가천대 명예교수, 전 대한국토·도시계획학회 회장)

이 책은 세계도시를 편하게 풀어 서술해 세계에 대한 개방된 마인드를 가지도
록 한다. 그리고 코로나 팬데믹 기간 중 세계도시에 대한 교양 서적으로서의 가
치를 지닌다. 권용우 교수는 지리학자 훔볼트, 블라슈, 헤트너의 철학에서 관통
하는 총체적 생활양식론을 제시한다. 저자는 각 나라와 도시의 지리, 역사, 종
교, 경제, 사회, 문화와 주민들의 생활양식을 총체적으로 탐구하고 있다. 탐구
한 내용은 관련 문헌과 현지 답사를 통해 얻은 수많은 사진과 지도를 보면서 쉽
게 읽을 수 있도록 편집되어 있다. 본서는 세계도시를 더욱 깊게, 보다 넓게 볼
수 있게 해 줄 것으로 확신한다.

박양호 원장(전 국토연구원 원장, 스마트국토도시연구소 대표)

『세계도시 바로 알기 1: 서부유럽·중부유럽』은 이야기 책이다. 세계도시의 역사 이야기, 땅 이야기, 무엇보다 도시의 알려진 이야기와 알려지지 않은 이야기로 가득하다. 도시를 계획하고 디자인하는 사람들을 대신해서 세계도시를 탐방하고 연구하고 읽어내 이야기로 들려주는 신통한 책『세계도시 바로 알기』의 연작 시리즈가 끊이지 않았으면 한다. 광범위해서 엄두가 나지 않던 세계도시에 관한 특별한 정보가 끊임없이 발견되는 책이다.

김현선 교수(홍익대 교수, 2021 광주디자인비엔날레 총감독)

이 저서는 첫 페이지를 여는 순간부터 마지막 장까지 눈을 뗄 수 없을 정도로 독자의 마음을 사로잡는다. 서부유럽과 중부유럽의 도시들을 여행하고픈 욕망이 샘솟는다.『세계도시 바로 알기 1: 서부유럽·중부유럽』책을 옆에 끼고 영국·프랑스·네덜란드·독일·오스트리아·스위스를 여행한다면 여행의 묘미와 효과는 배가될 것이다. 세계도시에 대한 안목을 넓혀주고, 흥미와 재미를 주며, 교양의 깊이를 더해 주는 저서다.

오세열 교수(성신여대 명예교수, 목사)

지리학자 권용우 교수는 세계도시를 바로 알기 위해서는 언어, 산업, 종교가 중요하다고 보았다. 자국어를 고수하고 사용하면 언제라도 독립 국가를 유지할 수 있다. 산업은 백성이 먹고 살 수 있는 기반이다. 종교는 한 나라와 도시가 흔들림 없이 견고하게 유지되는 큰 배경이다. 나는 이 책에서 지적하고 있는 도시의 특성에 대한 편린을 느끼게 된다.

전대열 대기자(전북대 초빙교수, 대기자)

저자 소개

권용우

서울 중·고등학교

서울대학교 문리대 지리학과 동 대학원(박사, 도시지리학)

미국 Minnesota대학교/Wisconsin대학교 객원교수

성신여자대학교 사회대 지리학과 교수/명예교수(현재)

성신여자대학교 총장권한대행/대학평의원회 의장

대한지리학회/국토지리학회/한국도시지리학회 회장

국토해양부·환경부 국토환경관리정책조정위원장

국토교통부 중앙도시계획위원회 위원/부위원장

국토교통부 갈등관리심의위원회 위원장

신행정수도 후보지 평가위원회 위원장

경제정의실천시민연합 도시개혁센터 대표/고문

「세계도시 바로 알기」YouTube 강의교수(현재)

『교외지역』(2001), 『수도권공간연구』(2002), 『그린벨트』(2013)

『도시의 이해』(2016) 등 저서(공저 포함) 72권/ 학술논문 152편/

연구보고서 55권/기고문 800여 편

세계도시 바로 알기 1 -서부유럽·중부유럽-

초판발행   2021년 3월 1일
초판5쇄발행   2022년 9월 30일

지은이   권용우
펴낸이   안종만·안상준

편 집   배근하
기획/마케팅   김한유
표지디자인   BEN STORY
제 작   고철민·조영환

펴낸곳   (주)박영사
               서울특별시 금천구 가산디지털2로 53, 210호(가산동, 한라시그마밸리)
               등록 1959. 3. 11. 제300-1959-1호(倫)
전 화   02)733-6771
f a x   02)736-4818
e-mail   pys@pybook.co.kr
homepage   www.pybook.co.kr
ISBN   979-11-303-1155-5 93980

정 가   16,000원